中国水利水电勘测设计协会BIM与数字孪生分会　编

水利BIM从0到1
——中小设计院解决方案

U0294076

中国水利水电出版社
www.waterpub.com.cn
·北京·

内 容 提 要

本书正文共 7 章，包括概述、水利行业 BIM 应用环境、应用需求、解决方案、实施保障、典型应用案例、典型 BIM 软件；附录共 1 章，为近几年国家、行业及部分省市发布的标准。

本书为水利行业中小设计院及行业从业人员提供了全面的 BIM 技术应用解决方案，能够支持从 0 到 1 地开展 BIM 技术应用，从拟定目标、实施准备、实施步骤划分、操作流程四个方面提出了解决方案，总结了水利行业典型 BIM 应用案例供借鉴，并对典型 BIM 软件进行了介绍，为中小设计院 BIM 技术应用提供了完整的解决方案。

图书在版编目（ＣＩＰ）数据

水利BIM从0到1：中小设计院解决方案 / 中国水利
水电勘测设计协会BIM与数字孪生分会编. -- 北京 ： 中
国水利水电出版社，2023.2
 ISBN 978-7-5226-1338-3

Ⅰ. ①水… Ⅱ. ①中… Ⅲ. ①水利水电工程－计算机
辅助设计－应用软件 Ⅳ. ①TV-39

中国国家版本馆CIP数据核字(2023)第020673号

书　　名	**水利 BIM 从 0 到 1——中小设计院解决方案** SHUILI BIM CONG 0 DAO 1 ——ZHONG－XIAO SHEJIYUAN JIEJUE FANG'AN	
作　　者	中国水利水电勘测设计协会 BIM 与数字孪生分会　编	
出版发行	中国水利水电出版社 （北京市海淀区玉渊潭南路 1 号 D 座　100038） 网址：www. waterpub. com. cn E-mail：sales@mwr. gov. cn 电话：(010) 68545888（营销中心）	
经　　售	北京科水图书销售有限公司 电话：(010) 68545874、63202643 全国各地新华书店和相关出版物销售网点	
排　　版	中国水利水电出版社微机排版中心	
印　　刷	天津嘉恒印务有限公司	
规　　格	184mm×260mm　16 开本　13.75 印张　326 千字	
版　　次	2023 年 2 月第 1 版　2023 年 2 月第 1 次印刷	
印　　数	0001—1000 册	
定　　价	**90.00 元**	

《水利BIM从0到1——中小设计院解决方案》编委会

主　　编：牛富敏

副 主 编：侯红雨　李　彪　姚晓敏　林圣德　马振宇

参编人员：

中国水利水电勘测设计协会	王　鹏	宋　扬
水利部水利水电规划设计总院	陈　雷	李　韡
	朱晓斌	姜佩奇
黄河勘测规划设计研究院有限公司	赵凯华	马　麟
	史玉龙	赵光成
陕西省水利电力勘测设计研究院	毛拥政	史宏波
浙江省水利水电勘测设计院	侯　毅	霍恒炎
湖北省水利水电规划勘测设计院	解凌飞	郑慧娟
河南省豫北水利勘测设计院有限公司	郭光智	王　佳
邯郸市水利水电勘测设计研究院	董艳辉	赵金鹏
安徽省水利水电勘测设计研究总院有限公司	费　胜	邹凯宁
南京市水利规划设计院股份有限公司	黄天增	徐海峰
深圳市水务规划设计院股份有限公司	胡　亭	王媛媛
中水淮河规划设计研究有限公司	查松山	王亚东
北京构力科技有限公司	左　超	姜文明
苏州浩辰软件股份有限公司	潘　立	赵运雨
北京理正软件股份有限公司	崔年治	杨　城
Bentley 软件（北京）有限公司	力培文	侯国庆
达索析统（上海）信息科技有限公司	冯升华	麦伟强

BIM

　　"加快数字化发展，建设数字中国""构建智慧水利体系"，是当前和今后一段时期国家的发展战略，是水利工作的重要指导。水利部积极推进水利行业网络化、数字化和智能化建设，将"智慧水利"作为推动新阶段水利高质量发展路径之一。建筑信息模型（building information modeling，BIM）技术是工程数字化的基础，经过多年的沉淀和发展，已形成较好的生态圈，在水利行业正面临着前所未有的发展机遇，在各类项目以及不同专业上均已有了丰富的案例，正是乘着数字化的劲风蓬勃发展之时。此时推进中小型水利企业应用 BIM 技术，减少了很多的试错成本，可谓天时地利与人和俱全。

　　当前，水利设计企业推进 BIM 技术的组织方式大多是由设计企业决策层组成领导小组，建立集测绘、地质、水工、机电、金属结构等专业人员的BIM 实施团队。决定 BIM 技术成功应用的因素中，最重要的是企业决策层要具有战略的眼光和坚定的决心，给予全面的配套支持，才能有效地完成此项工作。其次，敢于担当的"操盘手"也是不可或缺的，这个操盘手不需要是技术大咖，不需要是空降领袖级人物，而应该是一个了解水利业务、敢于创新的人。同时，整个团队更要具有脚踏实地、任劳任怨的作风，能够顶住压力，砥砺前行。

　　可以预见，今后一个时期水利 BIM 技术应用市场巨大。"十四五"期间我国将加快构建国家水网主骨架和大动脉，为全面建设社会主义现代化国家提供有力的水安全保障。国家水网建设涉及众多引调水工程、大型水库、数万千米堤防的建设和升级改造，初步预估数字化投资规模将在万亿元级别。除此之外，还有 2014 年批复的 172 项国家重大水利工程、2020 年计划重点推进的 150 项重大水利工程，以及已完建的水利工程改造和信息化提升等，BIM

技术应用在水利工程规划、设计、施工、管理、运维等全生命期的各个阶段，数字化的市场非常广阔。作为在市场环境中不断求变的中小设计企业，中小设计院需要全力以赴迎接数字化转型这场变革，将 BIM 技术应用作为完成数字化转型的生产力，可以定位为方案比选、精准算量等设计能力提升的基本应用，也可以定位为仿真模拟等的拓展应用，还可以定位为辅助工程全生命周期管理的高阶应用。

为推动水利水电 BIM 技术发展，打造水利水电 BIM 生态，本书基于大量中小设计企业 BIM 实施现状，结合行业内 BIM 发展经验，从软件平台选取、各专业需求分析、整体解决方案、实施保障等方面做了较为详细的指引，同时提供了丰富的典型应用案例，希望能够为正在推进 BIM 技术和准备推进 BIM 技术的设计企业提供帮助。

本书是水利水电 BIM 应用解决方案的中小设计企业版，希望从组织、技术、能力、激励等方面为中小设计企业提供全方位的指导，提供从 0 到 1 的解决方案，同时可以给有一定 BIM 技术应用基础的设计企业提供参考。

本书并不是中小设计企业推进 BIM 的唯一解决方案。技术在不断进步，行业在不断发展，环境在不断进化，解决方案也会不断更新迭代！愿与更多热爱 BIM 技术的伙伴共同前行！

刘辉

2022 年 5 月

前 言

本书是在水利部水利水电规划设计总院和水利水电 BIM 联盟指导下，由水利水电 BIM 联盟需求组组长单位——黄河勘测规划设计研究院有限公司牵头，组织水利行业有代表性的中小型设计院共同编写的。书中对多年来水利行业 BIM 技术在设计、施工、运维中的经验进行总结，主要包括概述、水利行业 BIM 应用环境、应用需求、解决方案、实施保障、典型应用案例和典型 BIM 软件等内容，形成了中小设计院 BIM 应用的解决方案。

本书参编单位包括黄河勘测规划设计研究院有限公司、浙江省水利水电勘测设计院、陕西省水利电力勘测设计研究院、湖北省水利水电规划勘测设计院、安徽省水利水电勘测设计研究总院有限公司、河南省豫北水利勘测设计院有限公司、邯郸市水利水电勘测设计研究院、南京市水利规划设计院股份有限公司、深圳市水务规划设计院股份有限公司、中水淮河规划设计研究院有限公司，在此对以上 10 家单位的支持表示感谢。

本书的编写得到了 Bentley 软件（北京）有限公司、达索析统（上海）信息科技有限公司、北京构力科技有限公司、苏州浩辰软件股份有限公司、北京理正软件股份有限公司的支持，在编写过程中，还参考了大量文献资料，在此表示感谢。

时代在发展、技术在进步，BIM 相关的新政策也在不断出台，加上本书涉及内容广、编写工作量大，书中难免有不尽如人意之处，欢迎广大读者予以指正。

编写组

2022 年 5 月

目 录

BIM

第 1 章 概 述

1.1 编制背景

党的十九大报告中明确指出要建设"网络强国、数字中国、智慧社会"，国家"十四五"规划和 2035 年远景目标纲要对水利工作也部署了任务要求。水利部提出要建立数字流域，通过借助 BIM、物联网、3S❶ 等技术在数字空间虚拟再现真实的流域，为智慧水利提供数字化基础。未来数字化将席卷整个水利行业，赋能水旱灾害防御、水资源集约安全利用、水资源调度配置与大江大湖生态治理保护等重要领域。2019 年 7 月水利部印发的《关于印发加快推进智慧水利的指导意见和智慧水利总体方案的通知》（水信息〔2019〕220 号），阐述了智慧水利面临的形势与问题，明确了建设的基本原则、建设目标、基本框架、主要任务等，为智慧水利发展指明了方向。

作为智慧水利的重要支撑，近年来，BIM 技术在水利水电行业的应用不断深化，各大设计院已经形成较为成熟的 BIM 应用模式，应用成效显著。引江济淮工程、古贤水利枢纽工程、东庄水利枢纽工程、北疆供水工程、滇中引水工程、珠三角水资源配置工程，以及安阳市西部调水泵站、德阳市青衣江闸桥工程、洪汝河治理工程董瓦房排涝站等，一大批水利工程的建设管理中都推进了 BIM 技术应用实践，并取得了显著成效，为工程各参建方提供了科学、高效的工程技术平台，获得了行业各方面的充分认可。

中小设计院承担着防洪除涝、河道治理、水生态治理、城乡供水、小水电、灌区、农田水利等重要水利建设任务，是国家水利水电建设的重要支撑力量，对 BIM 技术有明确的应用需求，但是，目前在水利行业 BIM 技术应用比较成熟的还是以大设计院为主，中小设计院的 BIM 技术应用还处于起步阶段，对于 BIM 技术的了解多数停留在概念认知阶段，或者探索研究阶段。为加快中小设计院的 BIM 技术推广应用、推动行业技术水平整体提升，本书特编制中小设计院的 BIM 应用解决方案。

1.2 适用范围

BIM 应用解决方案的编制，结合中小设计院业务特点，以及对 BIM 技术应用需求，

---

❶ 3S 技术是遥感技术（remote sensing，RS）、地理信息系统（geography information systems，GIS）和全球定位系统（global positioning system，GPS）的统称。

根据各中小设计院技术能力条件，提出了一套有针对性的 BIM 技术应用工作方法、技术路线、应用措施、示范案例，从而推动中小设计院的 BIM 应用。主要适用于全国范围内水利行业各中小设计单位，特别是从事勘测设计工作的人员总数在 300 人以下、BIM 应用处于起步阶段的市级设计院。

1.3　目标及主要内容

BIM 应用解决方案通过分析目前中小设计院 BIM 的应用现状，对照行业的政策环境、技术应用环境，结合 BIM 应用中各专业的需求，提出符合中小设计院实际情况的 BIM 技术应用解决方案，以解决中小设计院在 BIM 技术推广应用中存在的问题，促进行业的技术升级。

方案主要内容包括水利行业 BIM 应用环境、应用需求、解决方案、实施保障以及典型应用案例、典型 BIM 软件等内容。

1.4　编制参考依据

（1）《中小设计院 BIM 应用需求调研报告》。

（2）《水利水电 BIM 标准体系》。

（3）《水利水电工程信息模型设计应用标准》（T/CWHIDA 0005—2019）。

（4）《水利水电工程设计信息模型交付标准》（T/CWHIDA 0006—2019）。

（5）《水利水电工程信息模型分类和编码标准》（T/CWHIDA 0007—2020）。

（6）《水利水电工程信息模型存储标准》（T/CWHIDA 0009—2020）。

（7）《水利水电工程勘测设计 BIM 实施指南》（2018 版）。

（8）《水利水电行业 BIM 需求分析报告》。

（9）《水利 BIM 解决方案》（2017 版）。

（10）《水利水电行业 BIM 发展报告（2017—2018 年度）》。

（11）《建筑工程信息模型应用统一标准》（GB/T 51212—2016）。

（12）《建筑信息模型分类和编码标准》（GB/T 51269—2017）。

（13）《建筑信息模型施工应用标准》（GB/T 51235—2017）。

（14）《建筑信息模型设计交付标准》（GB/T 51301—2018）。

（15）《制造工业工程设计信息模型应用标准》（GB/T 51362—2019）。

（16）《建筑工程设计信息模型制图标准》（JGJ/T 448—2018）。

（17）《水利 BIM 从 0 到 1》。

第 2 章
水利行业 BIM 应用环境

2.1 行业发展环境

2.1.1 政策环境

2016 年，住房和城乡建设部发布了《关于推进建筑信息模型应用的指导意见》和《2016—2020 年建筑业信息化发展纲要》，在此后的示范工程建设中，BIM 技术应用已由单点应用逐步发展为与智能化应用相结合。目前，BIM 技术在设计、施工和运行维护全过程的集成应用已取得一定进展。山西省、湖南省，以及山东省青岛市、河南省郑州市、江苏省南京市、广东省深圳市等地区大力推动 BIM 正向设计，开发和利用 BIM、大数据、物联网等现代信息技术及资源，进一步推广工程建设数字化成果交付与应用。

2019 年，广西壮族自治区、河北省、山东省、湖南省、天津市、重庆市等省（自治区、直辖市），以及广东省广州市、深圳市，四川省德阳市等地均出台了相应的 BIM 试点、设计验收标准等相关政策，建立 BIM 工程建设项目智慧审批平台，制定统一规范和 BIM 信息数据存储、交换、交付等通用标准，进而推动建筑工程的大数据信息共享。长江三角洲地区组织成立"长三角 BIM 应用研究会"，定位于建设 BIM 指导者，为业主方、设计方、施工方、运维方等各相关方提供技术指导和咨询服务，该会常年定期举办数据中心 BIM 应用初级学习班和高级研讨班，在我国建筑行业引起了很大的反响。

2020 年 2 月 3 日，中国民用航空局发布的《民用运输机场建筑信息模型应用统一标准》（MH/T 5042—2020），是中国民航建筑行业的首个 BIM 标准。

在智慧工地方面，自 2018 年 7 月 1 日实施《建筑工程施工现场监管信息系统技术标准》（JGJ/T 434—2018）后，多个省市地方政策积极响应，重庆市发布《重庆市以大数据智能化为引领的创新驱动发展战略行动计划（2018—2020 年）》和《重庆市 2020 年"智慧工地"建设工作方案》；四川省成都市 2019 年 3 月发文，在工程建设项目施工现场推广应用信息化管理和物联网智能技术及相应设备，创新推进"市场＋现场"两场联动新方式；江苏省 2020 年 5 月提出，将施工现场所应用的各类小而精（杂）的专业化系统集成整合，利用物联网等先进信息化技术手段，提高数据获取的准确性、及时性、真实性和完整性，实现施工过程相关信息的全面感知、互联互通、智能处理和协同工作。

在智能建造方面，2020 年 7 月 3 日，为贯彻落实党中央重要指示精神、推动建筑业转型升级、促进建筑业高质量发展，住房和城乡建设部、水利部等 13 部门联合印发了

《关于推动智能建造与建筑工业化协同发展的指导意见》，明确提出了推动智能建造与建筑工业化协同发展的指导思想、基本原则、发展目标、重点任务和保障措施，指出要以大力发展建筑工业化为载体，以数字化、智能化升级为动力，创新突破相关核心技术，加大智能建造在工程建设各环节应用，形成涵盖科研、设计、生产加工、施工装配、运营等全产业链融合一体的智能建造产业体系。

2.1.2　建筑行业 BIM 应用情况

2.1.2.1　国外应用

英国 NBS（National Building Specification，英国建筑规范组，隶属于皇家建筑师协会）发布的《国家 BIM 报告（2020）》指出："在过去的十年里，这个行业取得了巨大的进步。到 2020 年，73％的专业人士已经意识到并使用 BIM 技术（图 2.1-1），它要求对工作流程进行实质性的改变，但也带来了好处：改善了信息共享，降低了工程风险，提高了生产效率，节省了运维费用。这些改进正在帮助创建一个更高效、更透明、犯错更少的行业。毋庸置疑，数字技术和 BIM 已经改变了这个行业，而且它们带来的好处是真实存在的。"

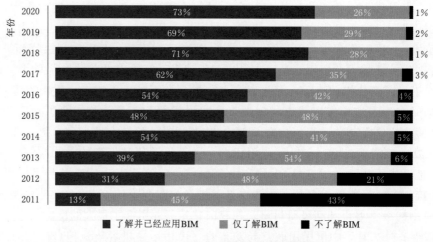

图 2.1-1　近年来英国 BIM 应用情况

NBS 的报告展示了 2020 年的研究结果，并与往年进行了一些比较。到 2020 年，全部或大部分项目均采用 BIM 技术的比例比去年稍高。并且超过 90％的人预计这个数字会增加，在未来的五年里，他们将使用 BIM 完成全部或大部分项目。

调查显示，在尚未采用 BIM 技术的小型企业中的大多数表示，由于项目规模对于 BIM 来说太小了，超过一半的项目用不上 BIM 技术，同时缺乏客户需求也是未采用 BIM 技术的原因之一。

2.1.2.2　国内应用

根据《中国建筑业 BIM 应用分析报告（2020）》对 2020 年全国建筑企业的 BIM 应用情况进行的调研结果分析，无论是使用了 BIM 还是尚未使用 BIM 的人员，赞成企业应该使用 BIM 的比例都超过 70％，其中已经应用 BIM 且赞成的人数占到了 87.14％，如

图 2.1-2 所示。

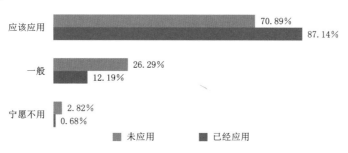

图 2.1-2　已应用和未应用 BIM 的人员对 BIM 应用的态度

在项目应用比例方面，只有 1/10 的企业在所有项目中使用了 BIM，1/4 的企业在过半的项目中使用 BIM，应用比例小于 25% 的企业占比最高，接近 32%，如图 2.1-3 所示。

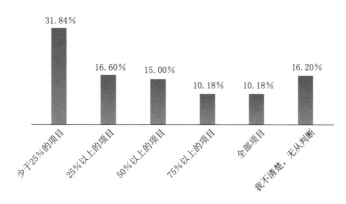

图 2.1-3　2020 年应用 BIM 技术项目的占比情况

而在 BIM 工作开展方式的调查中，有超过 60% 的受访者表示，自己所在的企业专门成立了 BIM 部门；有 18.04% 的企业会选择与专业 BIM 机构合作，共同完成 BIM 应用；而只有 14.51% 的企业会选择全权委托第三方公司去做 BIM，如图 2.1-4 所示。

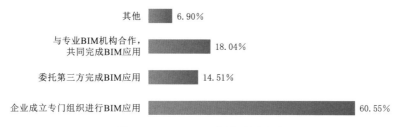

图 2.1-4　BIM 工作的开展方式

BIM 应用情况的数据表明（图 2.1-5），机电深化设计、施工方案模拟、碰撞检查和投标方案模拟稳稳位列前四，而成本、质量、安全、预结算等工作与 BIM 结合的比例都不到 10%，这些占比较少的数据主要来自于大型企业，对于数量众多的中小企业来说，投标、管综、施工方案还是主要的应用方向。

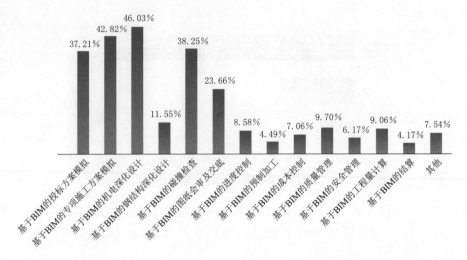

图 2.1-5　被调查对象单位开展过的 BIM 应用情况

从这份调查报告中可以看出，赞成企业应该使用 BIM 的比例超过 70%，公司专门成立了 BIM 部门来开展工作的超过 60%；BIM 主要应用在机电深化设计、施工方案模拟、投标方案模拟和碰撞检查等方面，但项目应用 BIM 的比例不高，这和人才缺乏、BIM 价值不显性和政策推动不足等相关。

2.1.3　水利水电 BIM 联盟

水利水电行业 BIM 起步较晚，但是发展迅猛，目前省级及以上设计院，基本都成立了 BIM 团队，BIM 技术主要应用于大型综合项目、工程复杂且周期长的项目，主要是用以解决设计问题，全生命周期的 BIM 应用项目较少。

受行业标准缺失、市场不成熟、无参考的技术解决方案、企业自身技术能力不足、前期投资较大等因素影响，中小设计院 BIM 工作开展相对滞后；部分规模较大的市院也成立了 BIM 团队，在积极探索 BIM 技术在设计中的应用，但受所承接项目规模偏小、工程简单、周期较短等因素制约，推广应用 BIM 难度较大。

中国水利水电勘测设计协会水利水电 BIM 联盟（以下简称"联盟"）于 2016 年 10 月 26 日在北京成立，是目前水利水电行业唯一的 BIM 技术推广组织。联盟秉承"以创新理念推进水利水电工程 BIM 全生命期应用，倡导资源共享，加强技术交流，打造水利水电 BIM 生态圈"的宗旨，支撑水利行业 BIM 政策研究和制定，承担水利工程 BIM 技术标准编制，组织行业 BIM 培训，举办行业 BIM 应用大赛，研究 BIM 技术需求和应用，积极推动 BIM 在水利水电行业的应用和发展。

联盟建设的水利水电 BIM 资源共享平台为成员提供了标准、模型构件、解决方案等各类行业优质资源，倡导行业信息资源共享，建立积分制的资源共享与交换机制，并通过运行资源共享平台，建立平台的可持续发展模式；开发的数据管理平台以 BIM 模型轻量化引擎为技术支撑，提供 BIM+GIS 的数据管理服务，为水利工程全生命期 BIM 运用提供软件支持。同时，联盟还为信息化项目的规划、方案编制等提供专家咨询服务，根据成员单位的需求举办不同类型的技术交流会、高层论坛和技术培训，研发和引进、转化并举，开展技术研究，解决工程全生命周期的共性问题，形成解决方案和可推广、可复制的实体成果。水利水电 BIM 资源共享平台如图 2.1-6 所示。

图 2.1-6　水利水电 BIM 资源共享平台

为推动 BIM 技术从设计单位向工程各参建单位和运行管理单位的延伸，实现 BIM 技术在水利工程的全生命周期运用，联盟组织开发了水利水电 BIM 数据管理平台，如图 2.1-7 所示。平台通过云交付技术，逐步建立自主可控的工程数据管理和应用服务体系，从而提高工程数据的安全性。BIM 数据管理平台是针对水利水电工程全生命周期 BIM 应用建立的 BIM 数据交付平台，用以实现 BIM 数据的标准化和轻量化，使 BIM 数据及成果得以安全、便捷地分享和使用。

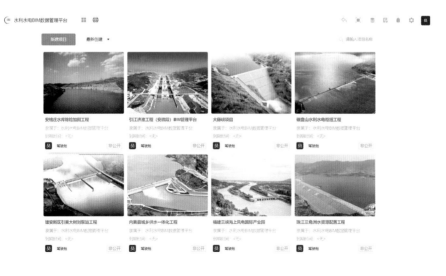

图 2.1-7　水利水电 BIM 数据管理平台

在联盟的积极推动下，水利水电工程 BIM 技术应用取得了重大突破，水利部将 BIM 技术列为水利工程重点推进的技术，并在智慧水利先行先试工作中将 BIM 技术应用作为重要内容，水利部水利水电规划设计总院在水利工程前期工作中将 BIM 技术应用列为工程建设专项内容，各重大水利工程建设和运行相关单位将 BIM 技术应用到项目的设计、施工、建设和运行管理中，全面推动了 BIM 技术在水利水电工程中的应用。经过不断努力，联盟的制度建设和组织机构日渐完善，作用日益凸显。

2.2　BIM 相关标准

2.2.1　国际标准

BIM 国际标准主要包括 3 个方面的内容：

（1）工业基础类（Industry Foundation Classes，IFC）标准，已经被国际标准化组织（International Organization for Standardization，ISO）采纳为 ISO/PAS 16739 标准。

（2）国际数据字典框架（International Framework for Dictionaries，IFD）标准，基于《建筑构造．施工工程的信息组织．第 3 部分：面向对象的信息框架（Building Construction – Organization of information about construction works – Part3：Framework for object – oriented information）》（ISD 12006 – 3—2007）标准建立。

（3）信息支付手册（Information Delivery Manual，IDM）标准，已经成为国际标准的一部分，基于《建筑物信息建模．信息配送手册．格式和方法体系（Building information modeling – Information delivery manual – Part1：Methodology and format)》(ISO 29481 – 1—2010）标准建立。

IFC、IDM、IFD 构成了建设项目信息交换的 3 个基本支撑。总体来看，IFC 是一种基于对象的、公开的标准文件交换格式，包含各种建设项目设计、施工、运行各个阶段所需要的全部信息。而 IDM 则为某个特定项目的某一个或几个工作流程确定具体需要交换什么信息。为保证不同国家、语言、文化背景的信息提供者和信息请求者对同一个概念有完全一致的理解，IFD 给每一个概念和术语都赋予了全球唯一的标识码 GUID，这样可以使得 IFC 里面的每一个信息都有一个唯一的标识与之相连，只要提供一个需要交换信息的 GUID，得到的信息就是唯一的。

2.2.2　国内标准

BIM 国家标准主要包括：

——《建筑工程信息模型应用统一标准》（GB/T 51212—2016）；

——《建筑信息模型分类和编码标准》（GB/T 51269—2017）；

——《建筑信息模型施工应用标准》（GB/T 51235—2017）；

——《建筑信息模型设计交付标准》（GB/T 51301—2018）；

——《制造工业工程设计信息模型应用标准》（GB/T 51362—2019）。

水利水电 BIM 联盟为解决 BIM 全生命周期的应用、共享、安全等问题，在充分调查研究国内外相关 BIM 标准的基础上，结合水利水电行业 BIM 技术应用现状和发展需求，按照突出重点、分步实施的原则，最终形成着眼于水利水电工程全生命周期 BIM 应用，聚焦于通用及基础 BIM 标准和规划及设计 BIM 标准，兼顾建造与验收 BIM 标准和运维 BIM 标准的标准体系，联盟印发了《关于印发水利水电 BIM 标准体系框架评审会意见的函》（中水协秘〔2017〕34 号），随后，发布了《水利水电 BIM 标准体系》（中水协秘〔2017〕72 号）。

截至 2021 年，《水利水电 BIM 标准体系》中已经发布并实施的标准有：

—— 《水利水电工程信息模型设计应用标准》（T/CWHIDA 0005—2019）；

—— 《水利水电工程设计信息模型交付标准》（T/CWHIDA 0006—2019）；

—— 《水利水电工程信息模型分类和编码标准》（T/CWHIDA 0007—2020）；

—— 《水利水电工程信息模型存储标准》（T/CWHIDA 0009—2020）。

近几年国家及行业、部分省市的标准发布情况见附录 A。

2.3 BIM 平台软件

鉴于行业特点、基础软件、硬件环境、资金使用等原因，BIM 设计技术在水利水电行业中，经过多年演进发展，已形成了技术成熟、功能完备的 BIM 基础软件，按不同的软件平台，可分为欧特克、奔特力、达索、中望、浩辰等软件平台。其中，水利水电行业传统三大 BIM 设计平台见表 2.3－1。

表 2.3－1　　　　　　　　　水利水电行业传统三大 BIM 设计平台

厂　商	欧　特　克	奔　特　力	达　索
产品起源	1982 年 AutoCAD 面世	1984 年，奔特力公司创立于美国宾夕法尼亚州	20 世纪 80 年代初，始于为航空业创建一个协同 3D 设计平台
涉及领域	三维设计、工程及娱乐软件的领导者，其产品和解决方案被广泛应用于制造业、工程建设行业和传媒娱乐业	致力于提升设计、施工与设施运行的效率，主要涉及土木、建筑、地理信息等行业	专注于提供基于 3D 体验的产品全生命周期管理的解决方案，合作领域涉及水利水电、交通设施、航空航天、汽车、船舶、消费品、工业装备和新能源等行业
市场规模	在 111 个国家和地区建立了分公司和办事处。在全球范围内拥有的正版用户超过 1000 万个。向超过 3400 个全球软件开发商提供技术支持	全球 50 多个国家设有 80 多个办事机构。全球不同领域的客户数量超过 40 万。全美 50 个州政府的交通部中有 47 个将 MicroStation 软件定为标准工程自动化环境	在全球 124 个国家和地区设有 179 个办公地点。在 140 个国家的 12 个行业拥有超过 21 万家客户，终端用户数量超过 2500 万人
研发情况	有 16 家研发中心，超过 3000 名研发人员。位于中国上海的欧特克中国研究院是欧特克公司全球最大的研发机构，拥有约 900 名研发人员	分布于全球的开发团队（包括产品经理）实现协作。其分析师及方案专员等所有研发人员定期通过收集用户需求，提高产品解决方案研发的效率	全球共建有 64 个研发实验室，全年收入的 31%（约 10 亿美元）投入技术研发，近年来研发重点从汽车与航空航天领域向水利水电、基础设施、建筑工程等领域大幅倾斜

续表

厂 商	欧 特 克	奔 特 力	达 索
服务模式	由厂商主导，相应的区域代理商进行具体的技术支持服务	采取定期与用户进行沟通交流，了解用户需求和建议的服务模式	采取直营与渠道（代理商）服务相结合的服务模式
设计平台	Revit/Civil 3D/Inventor	MicroStation	CATIA
平台易用性	多数模块已汉化	中文操作界面	半中文操作界面，多数模块未汉化
相互兼容性	兼容 Bentley	兼容 Autodesk	兼容机械类软件
设计理念	拼装式设计	组装式设计	骨架及结构
建模能力	图形化建模/参数化建模，曲线建模能力一般	图形化建模/参数化建模，曲线建模能力较强	参数化建模，曲线建模能力突出
协同平台	Vault	ProjectWise	VPM
GIS 相关	支持导入专业 GIS 软件，与 Google Earth 衔接较好	支持导入专业 GIS 软件，与 Google Earth 衔接很好	可以和 SKYLINE \ ARCGIS 等 GIS 软件进行数据交换
有限元分析	三维模型需导入有限元软件（如 Ansys）中进行计算	三维模型需导入到有限元软件（如 Ansys）中进行计算	平台本身具备有限元计算分析功能

2.3.1 欧特克平台

2.3.1.1 BIM 解决方案

图 2.3-1 所示为欧特克 BIM 总体解决方案，说明其产品系列在水利水电项目全生命周期各阶段的应用情况。

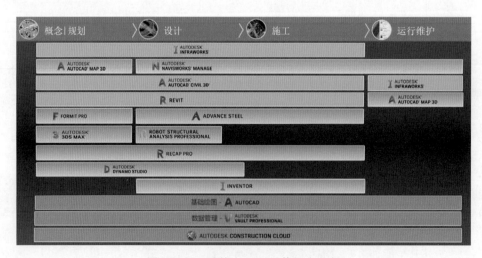

图 2.3-1 欧特克 BIM 总体解决方案

（1）概念/规划阶段：提供从勘测数据处理（Civil 3D/Recap Pro）、快速方案建模（InfraWorks），到可视化表现（3DS MAX）的全面解决方案。

（2）设计阶段：提供专业的设计和分析软件（Revit/Civil 3D/Inventor/Robot 等），以及设计—分析—出图的全面解决方案。

（3）施工阶段：提供桌面端（Navisworks 等）及在线端（Autodesk Construction Cloud 系列）从施工准备、施工现场执行到施工交付的全面解决方案。

（4）运行维护阶段：除了运行阶段的软件（Autodesk Ops 等）之外，还提供了丰富的软件 API 接口，以便于客户基于欧特克软件（如 Navisworks、Forge 平台等）开发具有自主知识产权的运行维护产品。

（5）在此基础之上，欧特克还提供了 Vault 平台用于项目全生命周期的数据协同管理。

从水利水电项目各专业系统的角度来看，欧特克 BIM 全生命周期解决方案可以总结为如下的技术路线：

1）测绘和地质系统：测绘专业通过无人机低空摄影测量、倾斜摄影测量、三维激光扫描、高分辨率卫星等方式获取工程区二维数据，使用摄影测量等技术手段快速产生数字高程模型、数字正射影像、数字线划图、三维地形曲面等成果，通过上传至 Vault 数据管理和协同设计平台，用于各专业提取资料。利用 Recap Pro 将扫描数据或航拍影像转化为点云模型，导入 InfraWorks 或 Civil 3D 中进行地形曲面建模和地质建模，创建各类地形分析和平面、剖面地质图。

2）枢纽三维系统（包含厂房三维系统）：各专业引用三维地质模型，在 Civil 3D 中，对各专业建筑物进行布置，建立建筑物的控制点、轴线、高程等控制信息。同时，各专业在 Civil 3D 中进行建筑物相关部位的开挖设计。使用 InfraWorks 结合地形进行库容计算和淹没分析等，使用 Inventor 进行坝工、水道专业设计，使用 Revit 进行厂房系统中的建筑、结构、设备、水力机械、电气一次、电气二次的设计，使用 Inventor 进行厂房系统中金属结构专业的设计。最后，在 Navisworks 或 InfraWorks 中进行各专业模型的整合，进行专业间协同设计。

3）其他专业三维系统：交通专业使用 Civil 3D 进行道路设计，使用 InfraWorks、Inventor、Revit 进行参数化的桥梁设计，出施工图和工程量清单。输变电专业使用 Advance Steel 进行电力塔设计，在 Civil 3D 中结合地形布置，在 Revit 中创建电站土建结构及配套设施，最终在 Infraworks 中进行模型整合和展示。另外，欧特克系列产品也可支持规划、环保、移民等专业的设计和应用。

4）施工三维系统：施工专业在 Vault 协同平台上调用各专业成果，包括地形、地质、枢纽三维模型等，使用 Navisworks 对施工进度、成本进行模拟和管控，使用 3DS MAX 可视化模拟施工工艺，使用 InfraWorks 进行施工现场（渣场、工厂、营地等）布置和安全管控。

2.3.1.2 欧特克水利 BIM 软件

欧特克水利 BIM 软件见表 2.3－2。

表 2.3 - 2 　　　　　　　　　　　　　欧特克水利 BIM 软件

软 件 名 称	主 要 应 用 领 域 和 功 能	适用场景
AutoCAD	通用的二维和三维 CAD 软件 包含 AutoCAD Architecture、AutoCAD MEP、AutoCAD Electrical、AutoCAD Plant 3D、AutoCAD Map 3D、AutoCAD Raster Design 等专业化工具	通用的 2D/3D 设计软件
Revit	建筑工程与基础设施结构物的 BIM 设计和施工文档编制	BIM 设计应用
Inventor	用于机械设计和三维 CAD 软件	
Civil 3D	土木工程设计和施工文档编制	
InfraWorks	用于规划、设计和分析的地理空间和工程 BIM 平台	
Navisworks Manage	包含 5D 分析和设计仿真的项目审查软件	
Recap Pro	现实捕获、三维扫描、点云创建的软件和服务	
FormIt Pro	直观的三维草图应用程序，与 Revit 具有原生的互操作性	
Dynamo Studio	可视化编程工具，利用逻辑改善设计效率和自动化	
Advance Steel	用于钢结构详图设计的三维建模软件	
Fabrication CADmep	机电预制化工具：扩展 Revit 以进行机电预制化设计	
3DS MAX	用于游戏和设计可视化的三维建模、动画和渲染软件	可视化应用
Autodesk Rendering	在线进行快速、高分辨率渲染	
Insight	建筑能效与绿色性能分析	分析计算
Structural Bridge Design	桥梁结构分析软件	
Robot Structural Analysis Pro	BIM 集成结构分析软件	
Vehicle Tracking	车辆扫掠路径分析软件	
Autodesk Docs	在线数据协同管理工具	数据协同

2.3.1.3 协同工具

1. 协同管理

Autodesk Vault 是 Autodesk 开发的基于对全部数字设计数据进行跟踪协作的数据管理软件。可以设计与工程设计团队安全地组织、管理与跟踪数据的创建、仿真和文档编制流程。利用修订管理能力，能够控制设计数据，快速找到和重新使用设计数据，更加轻松地管理设计与工程设计信息。

Autodesk Vault 系列产品作为 Autodesk 数字样机解决方案的组成部分，通过集中地存储所有工程设计数据和相关文档，能够节省整理文件所需的时间，避免成本高昂的错误，更加高效地发布和修改设计。随着产品设计的不断演进，设计工作变得日益复杂，Autodesk Vault 系列产品可以防止设计师和工程师无意中覆盖优秀设计。此外，用户可以快速部署该数据管理软件的修订流程，或根据特定需求进行定制。

2. 协同设计

基于 Revit 中心文件的协同设计，解决了一个大型模型多人同时分区域建模的问题，又解决了同一模型可被多人同时编辑的问题，是大中型项目开展多专业协同设计的一种重要方式。此种方式只需要常规的 Revit 软件，不需要进行专门的二次开发，但需要部署一套 Revit Server 中心模型服务器用于存储 Revit 中心文件。

基于 Revit 中心文件的协同设计，属于工作共享的工作模式。Revit 支持在中心文件中创建属于每个人的工作集，利用工作集的形式对中心文件进行划分。工作组成员在属于自己的工作集中进行设计工作，设计的内容可以及时在本地文件与中心文件间进行同步，成员间可以相互借用属于对方构件图元的权限进行交叉设计，实现了信息的实时沟通。

3. 协同发布

Autodesk BIM 360 是一套基于云端大数据平台（Forge）管理的一套服务，包含文档管理、云端协同、进度计划管理、现场质量管理、成本管理等多种模块，将 BIM 数据置于管理的核心位置，以数据作为项目沟通、协同与决策的依据。用户可借助 Autodesk BIM 360 实现以下工作协同。

（1）将大数据上传至云端，通过账号登录实现随时随地针对项目信息的互联访问。

（2）通过创建项目站点、人员角色、团队（电子邮件邀请），建立项目协作关系。

（3）通过在不同类型的客户端（手机、pad、PC 等）发起任务与响应任务，实现随时随地的项目管理。

2.3.2 奔特力平台

2.3.2.1 BIM 解决方案

奔特力（Bentley）针对水利水电行业的 BIM 解决方案面向全生命周期，其对于全生命周期解决方案架构如图 2.3 - 2 所示。

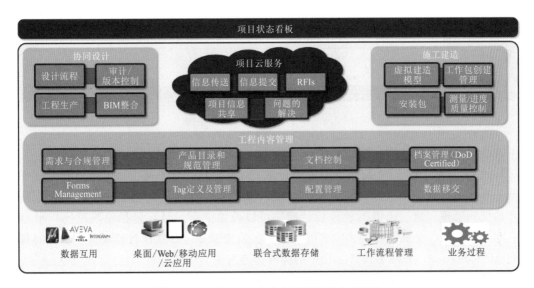

图 2.3 - 2 Bentley 全生命周期解决方案架构

Bentley BIM 解决方案旨在建立工程行业的工程数据管理平台（图 2.3 - 3），在设计建造完成后，通过数字化移交的过程将项目信息的管理，转移到资产信息的管理的阶段。

从软件的应用层次，Bentley 软件架构分为了三个层次：信息模型发布及浏览，工程数据创建与管理，专业应用工具软件集，如图 2.3 - 4 所示。

图 2.3 - 3　工程数据管理平台

Bentley BIM——多专业应用工具																		
专业应用工具软件集	建筑设计 OpenBuildings Designer	结构设计 OpenBuildings Designer	建筑设备 OpenBuildings Designer	建筑电气 OpenBuildings Designer	水机设备 Open Plant Modeler	电缆敷设 BRCM	变电设计 SubStation	结构 ProStructural	总图场地 OpenRoadS Designer	场地平整 OpenRoadS Designer	实景建模 ContextCapture	淹没分析 OpenFlows Flood	地质勘测 gINT	岩土分析 Plaxis/SoilVision	动画漫游渲染 LumenRT	碰撞检查 Navigator	进度模拟 Synchro	第三方软件 Third Part Product
工程内容创建平台及项目环境	MicroStation（2D/3D 一体化图形应用平台，EC，项目工作标准配置）																	
工程数据管理平台	ProjectWise Design integration（协同设计管理环境，非结构化数据管理/文档关系管理/版本管理/项目标准环境管理）																	
	ProjectWise ECM（面向对象的工程数据库，任务管理/结构化数据管理/信息关系管理/信息变更管理/流程引擎）																	
信息模型发布及浏览	Navigator -模型浏览审查工具														移动应用App			
	i-model——各专业模型/信息发布工具																	

图 2.3 - 4　Bentley 软件产品架构

在全生命周期中，同一个产品在不同的阶段具有不同的用处，如图 2.3 - 5 所示。

Bentley 水利水电 BIM 解决方案为水利相关行业用户提供了基于全生命周期的多专业协同解决方案。整个解决方案基于 ProjectWise 协同工作平台，实现对工作内容、标准及流程的统一管理。通过丰富的软件设计模块可以覆盖流程设计，包括地质勘测、水力机械、水工、电气、金属结构等多专业的三维信息模型设计。这些设计模块基于统一的数据平台 MicroStation，实现了设计过程中的实时参考与更新。

整个方案结合最新的实景建模技术 ContextCapture，以及对各种点云设备、数据的支持，为水库、水电站、泵闸、渠道、水厂等水利水电项目的前期规划、环境评价、勘测设计、施工过程监控及后期的运维管理提供了高效的技术手段，提高勘测设计精度、质量及项目移交的效率，减少成本支出。结合 LumenRT 电影级的快速渲染技术，可以将实景模型、数字模型及环境模型融合在一起，直观地进行项目展示和汇报，减少了项目汇报、审议的沟通频率和周期，提高了设计质量和整体效率。

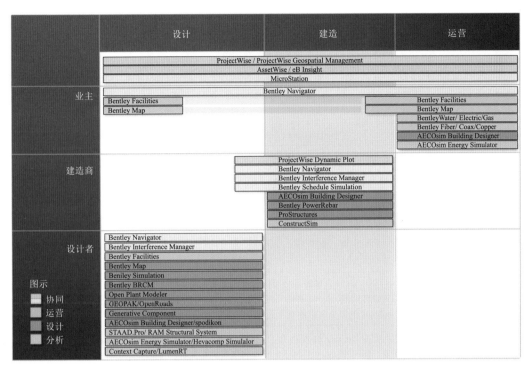

图 2.3-5　Bentley 产品在全生命周期的应用

2.3.2.2　Bentley 水利 BIM 软件

Bentley 水利水电 BIM 解决方案在以 MicroStation 为核心的内容创建平台，以 ProjectWise 为核心的协同工作平台和以 AssetWise 为资产运维平台的框架下，完全覆盖了前端设计、详细设计、材料输出，图纸打印、媒体表现，以及针对于施工和运维的数字化移交整个工作流程。

Bentley 厂商为水利水电相关专业提供了强大的基础平台软件 MicroStation，以及适合水利水电行业相关专业三维协同设计的专业软件模块，见表 2.3-3。

表 2.3-3　　　　　　　　　　Bentley 水利 BIM 软件

专业	软 件 模 块
地勘	ContextCapture：可以利用照片、点云及动画，生成高精度的实景模型，并能够和其他模型数据进行交互处理，并能后期处理为真实地模
岩土	gINT：支持多实验室数据和钻孔数据的报告和管理，可直接生成三维的钻孔可视化模型 Plaxis：是岩土工程针对变形和稳定问题的三维分析有限元软件包，具有各种复杂特性功能来处理岩土工程中的结构和建造过程 SoilVision：可实现对岩土工程、水文地质和岩土环境模型的专业有限元分析
道路	OpenRoad Designer：场地、渠道、道路地下市政管道设计工具
水工建筑结构	OpenBuildings Designer 土建模块：大坝、枢纽、厂房等土建的模型创建，同时能够精确统计任意形状的工程算量
电气照明	OpenBuildings Designer 电气模块：完成室内外的电气照明，灯具布置设计

专　业	软　件　模　块
暖通给排水	OpenBuildings Designer 设备模块：包括给排水和暖通两大部分，可以实现建筑物的暖通和给排水设计和出图
水力机械	OpenPlant Modeler：基于等级驱动的三维管道、设备设计系统，可以完成各种压力等级管道、设备及支吊架的设计
金属结构	MicroStation/ OpenBuildings Designer：能够建立各种金属结构模型
淹没分析	OpenFlows Flood：用于认识和减轻城市、河流和沿海系统中的洪水风险
施工模拟	Synchro：以可视化的方式模拟不同时间尺度的施工过程
模型发布	iModel 2.0：实现三维模型的轻量化管理和发布，跟踪模型的变更线，实现数据的来源统一、变更可信和访问易取
设计协同	ProjectWise：Bentley 协同工作平台，支持 C/S、B/S 部署方式，支持跨地域、多角色的协同工作环境
漫游、渲染和动画	Bentley Navigator：模型综合与设计校审工具，提供碰撞检测、渲染动画、吊装模拟、进度模拟等设计功能 LumenRT：工程界级电影级交互式即时渲染和动画制作软件
二次开发	SDK：成为 Bentley 的 BDN 用户，可以免费下载对应软件（非所有软件）的 SDK，进行二次开发，同时 Bentley 公司还每年提供想要的开发培训和技术支持

2.3.2.3　协同工具

1. 协同管理

ProjectWise 是一个流程化、标准化的工程全过程管理系统，可以让项目团队在一个集中统一的环境下工作。在实际项目中，ProjectWise 能够对在工程领域内项目的规划、设计、建设过程中的工程内容进行有效管理与控制，确保分散的工程内容的唯一性、安全性和可控制性。可以解决公共资源共享和唯一、工程内容的快速查询、图档在工程过程中的受控、图档的安全机制、文件及模型之间的参照关系、与地理信息管理的集成、三维模型浏览、对设计文件红线批注的问题。

将整个企业的图纸文档按照规范的目录结构管理，方便对文档管理、备份及检索；方便文档资料的发布和各部门之间的工作配合。可以快速找到相关的图纸和文档，方便用户使用；具有良好的检入/检出机制，同一时间同一个文件只能由一个用户编辑，保证了文档的唯一性；修改完文件后可以附加相应的注释，使其他工作人员及时了解文件的状况；可以对文件创建多个版本，并且只可以在最新版本上进行修改编辑，任何历史版本都可以回溯；集成各种设计软件（MicroStation、AutoCAD 等）以及 Microsoft Office 办公软件，可以将系统中的元数据信息自动写入到设计文件图框中的内容中，减少设计人员工作量；使用导入/导出功能，可以在本地指定目录中保留工作文件，可以对本地导出文件进行离线编辑，连线后随时导入回系统中；查询方式多样，查询条件任意组合，可以全文检索，还可以根据图纸中的组件（单元、图层、模型等）进行检索，快捷方便，并且查询条件可以被保存，以便反复使用；历史文件导入到系统后，通过参考扫描，可以方便快捷地重新建立原先的关联关系；当文件在系统中的位置发生移动时，系统可以自动维护文件之间的关联关系；每个工作人员都有自己的私有文件夹，方便浏览和管理自己的文档；通过内部消息系统，可以及时将文档变更信息通知相关人员。

2. 协同设计

中小设计院的三维协同设计建议以工程项目为单位进行，设项目负责人。首先由项目负责人确定项目组人员及各专业负责人，各专业负责人再根据工作内容进行本专业内工作分工。

管理员根据项目模板在 ProjectWise 服务器上创建工程目录后，按项目负责人通知增加项目组人员，并赋予项目负责人拥有工程目录的最高权限。工程目录下各专业内文件夹最高权限为各专业负责人，由项目负责人赋予权限。专业负责人对本专业的文件夹/文档赋予设计人员相应权限。

工程目录应该具有清晰的层次结构，既要满足三维协同设计的要求，提高设计效率；又要有明确的专业划分，以方便文档的检索和实现文档的权限设置。项目模板需要设计院根据质量管理体系、项目类型、参与专业、设计阶段等要素制定相应的项目模板标准。月潭水库工程 ProjectWise 协同设计目录层次结构如图 2.3-5 所示（仅供参考）。

图 2.3-6　月潭水库工程 ProjectWise 协同设计目录层次结构

协同设计应统一各专业制图环境，以各专业为依托，各专业人员在 ProjectWise 服务器上进行专业内设计，专业间的设计模型、数据可以很方便地即时相互参考、互为共享、互为依据。各专业内的工作任务由各专业负责人负责。各专业装配专业总装文件时，必须严格遵循统一坐标系统和坐标原点。根据专业总装完成工程总装文件后，进行碰撞检查、三维效果制作、施工图进度模拟等后期工作，最后进行数字化移交。

2.3.3　达索平台

2.3.3.1　总体介绍

达索系统（DASSAULT SYSTEMES）是一家成立于 1981 年的科研创新型公司，长期以来一直致力于为全球企业提供先进的三维数字化解决方案。

达索系统起源于 3D 设计，在发展过程中不断完善了 3D DMU（Digital Mockup）数字样机，3D PLM（Product Life-cycle Management）生命周期管理，3DEXPERIENCE（3D 体验）平台以至人体虚拟孪生体验的解决方案。

水利行业属于达索系统的建筑、城市与地域开发行业（Construction，Cities & Territories）的细分领域之一。达索系统面向水利行业的解决方案吸收了包括航空、汽车与造船业等先进制造业的优良基因，并借鉴了达索系统在 11 个行业领域数字化转型的经验，目前已经被打造成从策划、方案、初步设计、施工图设计、项目管理、运维管理等全过程一体化的数字化方案。其核心是在统一的数字化环境内，共享统一的数据源，利用数字连续性技术，实现基于同一个模型多方不断的协同优化，从而打通从数字化设计、数字化管理，一直到数字化建造、数字化运维的所有环节，逐步推动了企业的数字化转型。

借助 3DEXPERIENCE（3D 体验）平台，数字孪生体验将建模、仿真、信息智能和协作集成在一起。它汇集了生物科学、材料科学和信息科学，将来自对象的数据投影到可以完全可配置和仿真的完整的虚拟模型中。未来，物理世界的实体都将在虚拟世界里重建，构建一个数字孪生的世界，通过虚实实时映射、反馈和优化，帮助人类建设更加美好的未来。

2.3.3.2　方案架构

达索系统 3DEXPERIENCE（3D 体验）平台，通过统一的数据环境，将 13 个品牌的专业工具以及面向不同业务流程的解决方案集成在同一个平台上，打通了水利行业业务链之间的各个环节，打破了传统割裂且低效的勘察、设计、采购、施工的业务模式。3DEXPERIENCE 基本业务构架如图 2.3-7 所示。

通过平台和专业的工具技术，业务人员可以实时协同、并行，甚至是前置式地开展工作；通过虚拟孪生技术最大限度地预演工程项目的各个环节，从而反复迭代优化设计；借助平台的知识工程体系可以积淀成熟的设计产品，从而实现水利项目面向交付的整体性的优化设计。同时，企业可以实现向技术和知识的整合者发展，把与传统的水利行业相关的全产业链、全流程业务有机地结合成一个智慧系统进行交付，实现业务转型及创造增值。

2.3.3.3　方案概览

借助 3DEXPERIENCE（3D 体验）平台新一代数据信息管理技术，达索系统面向水利行业用户，提供了不同细分领域的解决方案。

（1）土木基础设施工程。主要是针对水利水电工程、道路、桥梁、隧道等大型基础设施的设计及建造业务，基于知识和经验支持项目的快速、高质量的交付。土木基础设施工程核心业务能力如图 2.3-8 所示。

该方案的核心是基于知识和经验的复用，通过面向快速交付的设计及施工技术，来提升水利行业设计及施工的效率和质量。

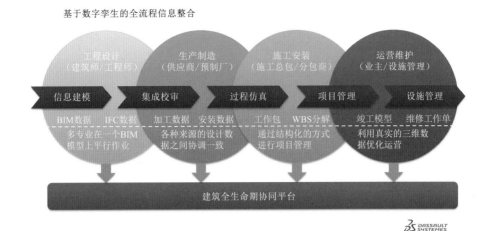

图 2.3 - 7　3DEXPERIENCE 基本业务构架

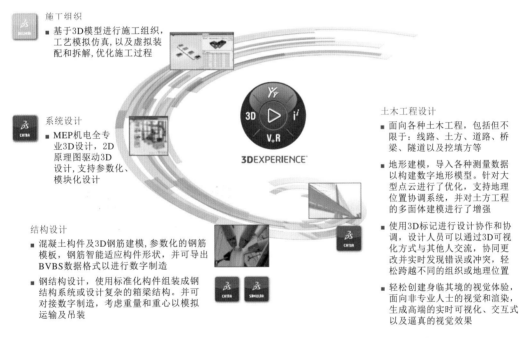

图 2.3 - 8　土木基础设施工程核心业务能力

[来源：达索析统（上海）信息技术有限公司]

（2）建筑设计建造一体化。包含了创新的建筑设计解决方案和面向预制及装配的建筑解决方案。建筑设计建造一体化核心业务能力如图 2.3 - 9 所示。

该方案提供了覆盖建筑领域全专业、全流程的设计及仿真优化能力，同时面向装配式建筑以及建筑的产业化提供集成式的设计施工解决方案。

在土木行业中，BIM 施工虚拟仿真解决方案，具有帮助用户高效利用时间、优化施工、降低风险等诸多优点。

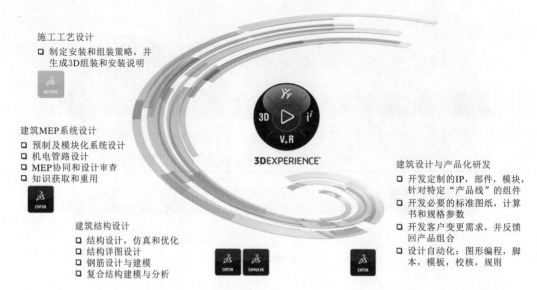

图 2.3-9　建筑设计建造一体化核心业务能力

[来源：达索析统（上海）信息技术有限公司]

（3）设计仿真一体化。达索系统的多学科、多尺度仿真技术，可以实现从 3D 设计模型到仿真的一体化集成，在前期设计中不断展开多学科仿真验证，从而达到提高设计品质的目的。设计仿真一体化核心业务能力如图 2.3-10 所示。

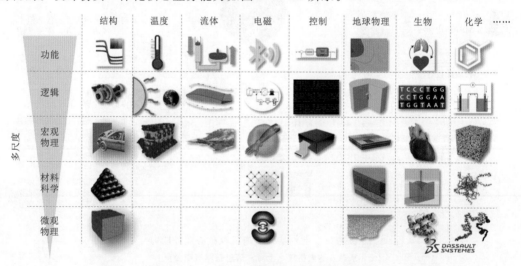

图 2.3-10　设计仿真一体化核心业务能力

[来源：达索析统（上海）信息技术有限公司]

1）在水利行业常用到的 ABAQUS 结构有限元分析，可以满足复杂结构、节点、岩土、抗震等多种应用场景的分析。

2）CFD 计算流体动力学仿真技术，可以用于气流分析、水流分析、隧洞内的污染物扩散及控制分析、通风设施效率分析以及多种应用场景。

（4）项目一体化集成管理。项目一体化集成管理核心业务能力如图 2.3－11 所示。

图 2.3－11　项目一体化集成管理核心业务能力

［来源：达索析统（上海）信息技术有限公司］

本方案通过贯穿项目全生命周期的统一数据标准和优化的业务流程，在企业的内部和外部，实现信息数据的高效协同。

在水利行业项目模式正快速地向 EPC 模式转型的大背景下，越来越强调密切的团队协作，并及时获取来自各方的信息，以确保项目的顺利实施。同时，随着水利行业业主对运行维护的需求愈发提高，这些企业愈发希望借助 BIM 模型来优化项目全生命周期的成本与收益。

（5）面向未来的智慧城市。达索智慧城市的核心业务能力如图 2.3－12 所示。

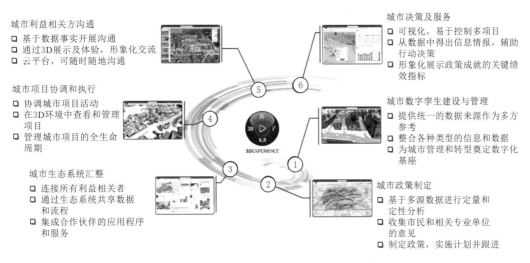

图 2.3－12　达索智慧城市的核心业务能力

［来源：达索析统（上海）信息技术有限公司］

3DEXPERIENCE（3D 体验）平台广泛的数据集成能力，使得可对大规模园区甚至是城市级区域范围的场景都可实现丰富的应用。通过数字孪生，助力城市的规划、设计、建造和管理；模拟仿真各种城市场景并做出预测分析；通过集成一体化的管理环境促进各种形式的城市治理、协作和沟通；基于互联互通的数据平台实现城市信息的智能的展示和辅助决策。

2.3.3.4　平台优势

3DEXPERIENCE（3D 体验）平台是基于网络数据库技术的一体化系统平台。所有信息存储于服务器端的数据库中，用户通过互联网/局域网访问服务器进行工作。

1. 数据集成优势

平台内建构件级别的 BIM 数据库，可直接查询 BIM 信息而无须打开 3D 模型；具备多人并发式实时协同设计机制，可实现基于构件的权限管理、历史版本管理、设计成熟度管理、信息查询等；同时可以集成第三方软件的数据，具备强大的信息管理功能和灵活的扩展性，可建立企业级的 BIM 信息管理标准和平台，可以覆盖项目的全生命周期应用。3DEXPERIENCE 平台强大与丰富的集成能力如图 2.3-13 所示。

图 2.3-13　3DEXPERIENCE 平台强大与丰富的集成能力
[来源：达索析统（上海）信息技术有限公司]

基于平台数据库，可以直接对接模拟仿真以进行验证和优化，模块能实现工序级、工艺级、人机级等不同颗粒度的 4D 仿真，并管理相关的设备、资源、成本等信息，同时可通过工艺模板和设备编程实现一定程度的自动化仿真。CAD/CAE 设计仿真一体化，则可以进行结构、流体、温度、电磁、声音等多专业的科学分析，利用基于平台的仿真生命周期管理，可以复用仿真数据和流程，大大加快设计研发的速度。3DEXPERIENCE 平台的数据集成优势如图 2.3-14 所示。

2. 强大的三维算法技术

CATIA 采用基于 NURBS 曲面的建模引擎，支持精确、光滑的连续曲面，算法复杂，难度更高，常用于参数化的造型设计，同时支持高精度的数字化制造。达索的三维算法技术特点如图 2.3-15 所示。

达索单一的平台方案实现业务数字化和数字业务化，助力用户达成业务数据双向驱动、多维度全尺寸的全息数字化战略

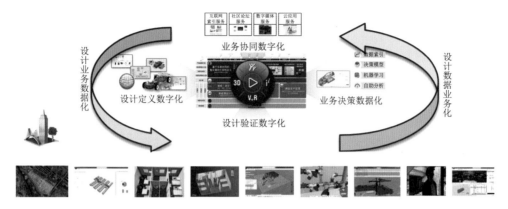

图 2.3-14 3DEXPERIENCE 平台的数据集成优势

[来源：达索析统（上海）信息技术有限公司]

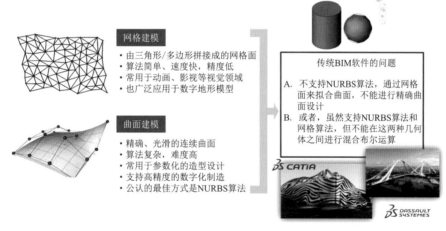

图 2.3-15 达索系统的三维建模算法技术特点

[来源：达索析统（上海）信息技术有限公司]

3. 参数化高效建模优势

CATIA 具备强大的参数化体系建模能力，骨架线驱动、参数传递、基于知识的自动化设计，通过构件模板可实现正向设计流程。传统的设计工具虽然具备单个对象参数化，但对象之间的参数传递很困难。

4. 科学的 BIM 信息标准化管理

在 3DEXPERIENCE（3D 体验）平台，可以自定义对象类型和属性，支持各种语义逻辑，支持新增的 IFC 对象类型或者相互关系。在平台上可以实现企业 BIM 数据标准的建立和部署，利用标准定制包来定义特定的建筑产品所默认包含的对象集、属性扩展集以及属性，确保企业 BIM 数据标准的贯彻执行。

而传统平台或软件中，BIM 信息标准缺乏扩展性，不能灵活自定义对象类型，不支

持类型继承关系。

5. 先进的数据管理（结构树）

源于制造业"装配"型的结构树，支持多专业协同的逻辑关联与数据共享，可按需决定模型拆分深度，分解成最小对象单元。

基于平台设计任务可以按任意专业和对象分解，不同设计人员可以结构化地加载模型对象，而不是对整个文件进行加载，从而实现构件级的协同设计。

6. 强大的系统逻辑设计与仿真能力

基于单一数据源建立的系统模型，根据系统原理图，进行机电管路的正向设计，创新地实现了系统与三维设计的集成。

在设计初期实现设备布置与空间初设统一协调，精确预估总体布局是否满足建筑空间需求，架构模型/PFD 和早期空间占位同步设计；系统可追溯性布置设计，使得布置专业在工程早期即可依据不同成熟度的上游数据提前开展设计工作，2D 工艺系统和 3D 管道/HVAC 布置同步设计；2D 电路系统与 3D 桥架可批量自动同步，通过电路端接信息自动匹配 3D 设备接线端子自动计算路径，等级和桥架填充率，最大化避免电缆敷设产生的重复劳动和错误可能。

7. 企业级的全生命期协同

平台支持对象级的协同设计，数据管理与协同一体化集成。3D 对象数据库以数据库方式管理每个设计对象，几何与属性信息均保存于系统平台，支持搜索引擎查询、统计和报表输出，支持基于 Web 端的 3D 实时同步浏览；具备成熟的协同设计机制，可按项目、角色赋予用户权限，针对每个对象设置访问权限，多人同时编辑时进行锁定保护，并具备较强大的支持设计方案与成果的多版本管理和变更管理的能力，可以根据设计成熟度进行校审流程。

2.3.4 浩辰 CAD 软件

2.3.4.1 浩辰 BIM 解决方案

浩辰软件为用户提供了基于工程设计全生命周期的多专业协同解决方案。基于浩辰CAD 协同设计系统，实现对工作内容、标准及流程的统一管理。依托浩辰软件完全的自主内核，浩辰 BIM 解决方案集成了模拟分析工具、三维建模工具、三维设备及管道工具、机械设计工具等，同时提供便携式、轻量级的看图审图工具，并且挂接了水利水电行业常用的应用软件，该解决方案可以覆盖工程设计的各个阶段（图 2.3-16）。

（1）三维建筑模型设计：浩辰 CAD 建筑软件，使用参数化的建筑智能构件来进行建筑设计，建筑构件、符号标注支持智能关联、变更传播更新，建筑二维施工图和三维模型全程同步生成，在满足建筑施工图绘制需求的同时，提供了完备的建筑三维设计功能，支持建筑信息模型 BIM 的创建。浩辰建筑生成的 BIM 模型，适用于建筑日照分析、节能分析、工程预算等众多 BIM 模型应用领域。

（2）日照分析工具：对建筑三维模型进行日照分析，输出分析报告。

（3）计算分析工具：提供水力计算、设备负荷计算、通风空调设计等计算分析模块，为 BIM 模型的创建提供准确的参数信息。

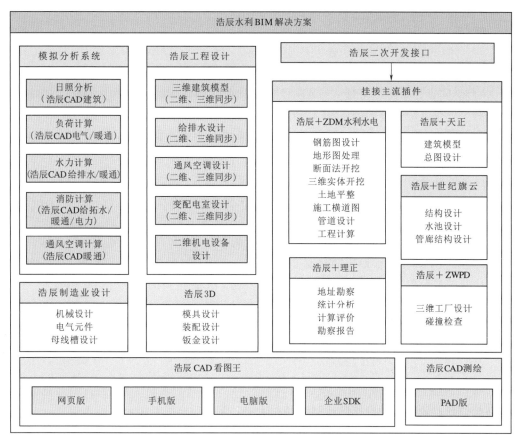

图 2.3-16　浩辰水利 BIM 解决方案

（4）三维给排水系统设计：浩辰 CAD 给排水软件，可以实现二维绘图与三维模型同时生成，多专业协同设计。具备三维管道、阀门阀件、设备等实体的设计功能，支持自动生成构件、智能判断实体关系，同时软件提供与建筑、暖通、电气构件进行碰撞检测功能。

（5）三维通风空调设计：浩辰 CAD 暖通软件，可以实现二维施工图与三维模型同步设计，三维空调水系统可以实现自由的管路系统设计和图形库扩充、设备与管线系统的自定义连接、标注信息与图形信息的实时联动；三维空调风系统可以将二维图形零损失转换为三维模型；可以一键提取三维模型的所有参数，让水力平衡分析不再烦琐。

（6）三维变配电室设计：浩辰 CAD 电气软件，可以实现变配电室的二维、三维同步设计，二维绘制桥架、电缆沟及配电柜；可以在三维环境中对桥架、电缆沟及电气柜进行编辑；可以真实地反映桥架、电缆沟、配电柜这些内容的宽、高、厚等信息，解决各专业间的碰撞干涉问题，使设计项目更加直观、准确。

（7）三维桥架设计：三维桥架采用智能对象技术，可以绘制多层、多种类型的桥架，所有连接构件自动生成、实时联动；可以实现二维、三维同步绘图，同时软件提供自动剖面、参数剖面，可以对桥架进行精确剖切，快速生成大样图。

（8）碰撞检测：可以实现多专业建筑主体、设备、构件、管线的三维碰撞检测，快速定位碰撞点。

（9）三维可视化：平面图上绘制的所有构件，在三维模型中将直观地同步显示，可以对建筑三维模型进行快速渲染和漫游。

（10）协同设计系统：可嵌入 CAD 设计工具内部的通用协同设计平台，适用于设计团队内部需要相互配合绘图的所有设计企业和制造企业。

（11）浩辰 3D：浩辰 3D 软件，融合了顺序建模与快速建模全新一代智能参数建模技术，涵盖零件设计、装配、工程图、钣金、仿真、动画等 29 种设计环境，从产品设计到制造全流程的高端 3D 设计软件，提供完备的二维＋三维一体化解决方案。

（12）浩辰＋ZDM 水利水电设计：软件涵盖水利水电设计的规划、水工、机电等各个专业，包括钢筋图、地形图处理、三维实体开挖、土地平整、管道设计、施工横道图、工程计算等设计模块，经过 20 年的研发和推广，已经成为水电行业 CAD 用户最多的必备软件。

（13）浩辰＋理正工程地质勘察设计：可实现地质勘察数据录入及管理，平面图、剖面图、柱状图的绘制及编辑，统计分析、计算评价，形成地质勘察报告。实现与上、下游专业数据接口功能，实现勘察地质图形和数据联动设计，可通过配置平台实现更灵活多样的图形表达，简化操作。

2.3.4.2 浩辰 CAD 软件及其二次开发应用

1. 浩辰 CAD 软件

浩辰 CAD 是一款完全自主内核且国际领先的 CAD 平台软件。经过近 30 年的持续研发和精益创新，软件关键指标已达国际领先水平，从 PC 软件发展到跨桌面应用，从单一工具到协同交互，浩辰持续为用户创造价值。浩辰 CAD 软件介绍见表 2.3－4。

表 2.3－4　　　　　　　　　　浩辰 CAD 软件介绍

软 件 名 称	功 能 介 绍
浩辰 CAD	一款完全自主内核国际领先的 CAD 平台软件
浩辰 CAD Linux 版	基于 Linux 系统开发的 CAD 设计软件，可完美兼容 R14－2018 的各个版本 DWG/DXF 图纸相关数据文件，提供 CAD 图形绘制和编辑操作等设计功能
浩辰 CAD 建筑	浩辰 CAD 功能以及用于建筑设计及建筑信息模型（BIM）的软件
浩辰 CAD 给排水	浩辰 CAD 功能以及用于室内、室外给排水设计的软件
浩辰 CAD 暖通	浩辰 CAD 功能以及用于暖通空调设计的软件
浩辰 CAD 电力	浩辰 CAD 功能以及用于电力设计、计算的软件
浩辰 CAD 电气	浩辰 CAD 功能以及用于建筑电气设计、计算的软件
浩辰 CAD 机械	浩辰 CAD 功能以及用于机械设计的软件
浩辰 CAD 母线槽	浩辰 CAD 功能以及用于母线槽设计的软件
浩辰 CAD 看图王网页版	浏览器看图工具，支持所有主流浏览器上直接打开 CAD 图纸
浩辰 CAD 看图王手机版	在手机或 PAD 上查看、编辑、批注 CAD 图纸文件
浩辰 CAD 看图王电脑版	开图更快捷、显示更准确、操作更方便的轻量级 CAD 看图软件

软 件 名 称	功 能 介 绍
浩辰 CAD 看图王 企业 SDK	安全、稳定、可靠,为企业量身定制浩辰 CAD 看图服务,实现企业图纸管理、在线览图、协同批注等私有化
浩辰 CAD 测绘 PAD 版	原生显示和编辑 CAD 图纸,适用于房地一体权属调查、地形图外业调绘
浩辰 3D	智能参数建模,涵盖零件设计、装配、工程图、钣金、仿真、动画等 29 种设计环境,从产品设计到制造全流程的高端 3D 设计软件
二次开发	浩辰 CAD 为开发者提供了完整的、可靠的开发环境,支持 LISP、C++、VB/VBA、.NET 等多种开发语言、同时浩辰 CAD 提供相应的 API 接口程序,包括 COM、GRX 等

2. 浩辰二次开发应用

浩辰 CAD 为开发者提供了完整的、可靠的开发环境,支持 LISP、C++、VB/VBA、.NET 等多种开发语言。同时浩辰 CAD 提供相应的 API 接口程序,包括 COM、GRX 等,为国内外大量软件供应商提供了接口支持,浩辰 CAD 平台已经成为主流 CAD 应用软件二次开发的必选项。浩辰挂接的部分二次开发应用见表 2.3-5。

表 2.3-5　　　　　　　　　浩辰挂接的部分二次开发应用

软 件 名 称	功 能 介 绍
世纪旗云结构设计工具软件	用于整体结构中小构件的计算,包括梁、板、柱、楼梯、地基基础、砌体结构、钢结构、特种结构等 80 多个模块
世纪旗云地下管廊结构设计软件	是一款结合国家相关规范和图集开发的地下管廊结构设计软件,建模快捷直观,提供多种形式的标准段快速建模方式
探索者 TSSD for 浩辰 CAD 2020	TSSD for GStarCAD 2020 是一款基于浩辰 CAD 平台开发的工具集软件,可以为设计院解决结构专业绘图改图难题
ZWPD 三维工厂设计软件	包含建筑结构模块、设备模块、管道模块、编辑模块、数据库模块、图形库模块、图纸生成模块、碰撞检查模块等等
飞时达工业总图设计软件 GPCADZ6.0 版	基于浩辰 CAD 2020 平台开发的应用于工业总图设计软件,适用于工厂总图运输设计、工业企业总平面设计、电力行业厂(站)总图设计及道路工程设计等领域
鸿业管立得 Pro2020	管立得 Pro 2020(鸿业三维智能管线设计系统 ProV1)是鸿业科技推出的一款集成浩辰 CAD 内核的城市管网设计软件
CASS 地形地籍成图软件 11	基于 CAD 平台技术研发,具有完全知识产权的 GIS 前端数据处理系统。广泛应用于地形成图、地籍成图、工程测量应用、空间数据建库和更新等领域
理正工程地质勘察 CAD9.0pb6	可实现地质勘察数据录入及管理、平面图、剖面图、柱状图的绘制及编辑,统计分析、计算评价,形成地质勘察报告
ZDM 水利水电	软件涵盖水利水电设计的规划、水工、机电等各个专业,在批量出图打印、地形图处理、三维实体开挖、管道设计、工程计算等方面具有明显的功能优势。"浩辰 CAD 平台+ZDM 软件"这一解决方案,以双国产应用的方式,不仅能全面保障水利水电行业的信息数据安全,同时还保证水利水电设计的各个专业应用,使得综合效率大幅提高
信狐天诚铁塔绘图软件	支持铁塔材料表、工艺卡、构件图、组焊图、NC 数据的输出,与企业加工端口对接,操作简单准确

2.3.4.3　协同工具

1. 协同管理

浩辰 CAD 协同设计系统是可嵌入 CAD 设计工具内部的通用协同设计平台，适用于设计团队内部需要相互配合绘图的所有设计企业和制造企业。系统提供了及时协同和异步协同两种工作方式，在方案讨论、设计绘图、审图、专业综合等不同应用场景可采用不同的协同方式。图纸提交更新方式灵活，完全由设计人员控制，可实时提交、更新，也可设置定期跟踪相关图纸的变化，自己决定何时提交和更新，同时还支持离线工作，联机再提交修改内容。

浩辰 CAD 协同设计系统主要由客户端和服务器端组成。客户端直接集成到浩辰 CAD 内部，绘图和文档引用提交在同一个用户界面内完成，操作更加简单。同时提供服务器项目管理工具，供管理员和项目负责人设置单位人员，项目参与的人员和权限。服务器端程序需单独安装，由系统管理员人员进行配置。浩辰 CAD 协同管理如图 2.3 - 17 所示。

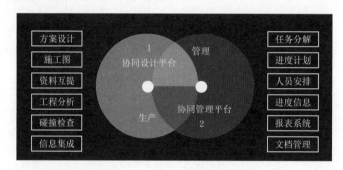

图 2.3 - 17　浩辰 CAD 协同管理

2. 协同设计

浩辰 CAD 协同设计系统支持相互引用、嵌套引用、循环引用（图 2.3 - 18），引用展开层级可以自由控制，引用图纸可以随时隐藏和显示。为了方便查看和编辑当前图纸，还可以设置让所有引用图纸都变灰。通过采用图纸增量存储技术，可以保留和追溯所有历史版本；只保存和传输增量数据，可以提高数据传输的速度，减少数据存储量；通过引用相关专业的所有图纸，可以随时了解其他人的设计进度，并可以通过增量数据随时查看两个版本之间所做的修改。这意味着浩辰 CAD 软件不再是单一的设计软件，它通过远程异地协作的方式，解决多专业配合过程中的质量问题，实现从提高单点效率到提高整体效率的过渡。协同设计系统主要特点体现在：

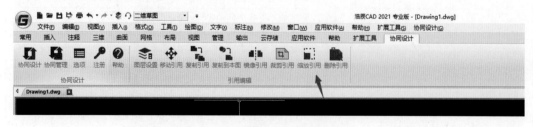

图 2.3 - 18　浩辰 CAD 协同设计

（1）适用于不同行业的各种项目协同设计，提供及时协同、异步协同、离线工作等多种工作方式。

（2）实现图纸数据的增量存储和传输，减少存储和传输的数据量；例如，一个大型的建筑，设计人员可以实现秒传设计变更，供电设计人员可以即时看到土建设计变更。

（3）图纸和文档每次提交的版本都可以回溯，可随时还原到任意一个历史版本。

（4）随时查看相关图纸的修改和变化，并可以在线修改当前图纸；数据管理，避免没有多个版本的冗余和差错。

2.3.5 中望平台

1. 中望解决方案

中望提供二维＋三维水利行业解决方案，通过中望自主研发的二维、三维产品的结合使用，依托自主内核与强大的行业生态圈，为水利行业客户提供完整的解决方案。中望 3D 采用独立自主内核——Overdrive。中望 3D 与国内领先的标准件厂商 3D Source 进行合作，为用户提供完善的标准件服务。用户使用 3D Source 可快速获得最新最全的标准件模型。

2. 中望 3D 在水利行业的应用

中望 3D 是中国唯一一完全自主知识产权的高端三维 CAD/CAM 一体化软件，集"曲面造型、实体建模、模具设计、装配、钣金、工程图、轴加工"等功能模块于一体，覆盖产品开发全流程的三维 CAD/CAM 软件，广泛应用于机械、模具、汽配、水利等设计和制造领域。

中望 3D 的管路模块分为管道模块和管筒模块，是水利管道设计工程师必不可少的三维软件。管筒模块用于以名义直径类的管路设计，通常用于精密管的设计，包括液压和软管。

中望结构仿真是集建模与仿真于一体的有限元结构仿真分析系统，在水坝设计中用于模拟产品结构的物理行为，评估产品结构设计的合理性，支持网格剖分，帮助企业缩短研发周期，降低研发成本。为水利水坝设计充分降低试错成本，极大优化模型，提高工作效率。

3. 协同工具

中望 3D 所提供的各类设计模块可搭载到同一三维平台之上，集合水利方面的三维水利机械设计、装配设计、工程制图、水利管路布置等模块于一身。通过数据的集成，进行碰撞与干涉检查，保障水管之间的合理排布，水专业与其他专业的管线井井有条，提高水利行业全流程的配合度与流畅度。

中望 3D 可直接打开 CATIA、NX（UG）、Cero（Pro/E）、Solidworks 及 IGS、stp、DWG 等格式的水利图纸；可输出 stp、igs、x_t、DWG 等其他软件兼容的格式，使水利管道设计工程师在不同软件间无障碍切换设计和绘图。

中望 CAD BIM VIEWER 是一款轻量高效的 BIM 模型浏览器，面向水利行业审图人员，支持导入 IFC 格式为主的模型进行浏览批注、模型对比、碰撞检查，以及进行基于文件的评论协作；已完成的水利水坝模型，可以方便地导入到软件中进行复核和校阅，并通过动画制作等用于展示和汇报。

2.3.6　小结

目前，在水利行业传统三大平台都有用户。采用欧特克平台的包括中国电建集团昆明勘测设计研究院有限公司、中国电建集团北京勘测设计研究院有限公司、浙江省水利水电勘测设计院等，用户范围较为广泛，涵盖大型、中型、小型设计院多种类型；采用奔特力平台的包括中国电建集团华东勘测设计研究院有限公司、中国电建集团中南勘测设计研究院有限公司、河南省水利勘测设计研究有限公司等，以大型、中型设计院为主；采用达索平台的包括长委院、黄委院、陕西院等，以大型设计院为主。根据传统三大平台在水利行业的应用情况，三种平台方案都是可行的，中小院可以结合自身条件进行选择。软件平台选型参见 4.2.1 章节中的内容。

以中望平台、浩辰平台为代表的国产平台也异军突起，正在进军水利行业，凭借其生态圈，在 BIM 应用中占有一席之地，为中小设计院 BIM 应用提供了新的选择。

2.4　数字化交付

随着水利行业 BIM 技术水平日益提高和普及，可以预见 BIM 技术在改变企业设计流程、组织结构的同时，势必也带来了设计交付物形式的变化。

水利行业 BIM 交付主要集中于业主主导的针对单个项目开发专门软件或大型流域机构统一开发所管辖项目的独立系统。对于模型交付标准、设计成果、建设运维数据、档案资料等没有统一标准的认定。现阶段模型常用交付格式包括 RVT、NWD、SU 等，整体而言交付较为粗放，缺乏对交付物的质量、完整性的评判与验证方法。

《水利水电工程设计信息模型交付标准》（T/CWHIDA 0006—2019）采用了 IFC 通用模型标准，为水利水电工程 BIM 数字化交付提供了依据。

2.5　BIM 技术价值分析

2.5.1　建设单位 BIM 应用价值

（1）有效控制预算。根据 BIM 模型进行统计，可对工程量实现精确计算，从而快速准确地提供投资所需的数据，减少建设单位在造价管理方面的误差。另外，通过 BIM 技术的支持，如深化设计、碰撞检查、施工方案模拟等，可有效减少变更和签证，从而优化建造成本。这些功能都将大幅提升建设单位的预算控制能力。

（2）提升管理水平。在协同建设的基础上，BIM 可以提供最新、最准确、最完整的工程数据库，各个参建单位可基于统一的 BIM 平台进行协同工作，将大大减少协同问题，提升协同效率，降低协同错误率，有效提升建设单位管理水平。尤其基于 Web 的 BIM 平台更能将 BIM 的协同建设能力和项目管理水平提升一个层级。

（3）积累项目数据。建设单位使用 BIM 对建设项目进行管理，可逐步地积累起企业级的项目数据库，为后续投资项目的可行性研究等提供大量高价值数据，以加快成本预测、方案比选等决策的效率。同时，在建设过程中，逐步建立基于 BIM 的工程项目数字化档案馆，最终对文档实现数字化管理，可以减少纸质版图纸和报告数量，降低项目数据管理成本，并有效提高已建项目资料的查询和利用效率。

（4）形成数字资产。依托以 BIM 为核心的信息技术搭建工程数据平台，为挖掘沉睡在档案库房中的已建项目数字资产化提供强有力的底座支撑，推动建筑工程从物理资产到数字资产的转变。

2.5.2　设计单位 BIM 应用价值

（1）参数化设计。在设计过程中使用 BIM 技术，可实现参数化驱动方式精确建立设计所需的三维模型。

（2）方案比选。采用三维模型对方案进行展示，可以更为清晰地表达方案。通过可视化等方式，不仅可以展示三维直观模型，而且可以结合三维透视图、模型的轴测图、平面图、立面图、剖面图等多角度，直观高效地比选出最佳设计方案。

（3）碰撞检测。各专业设计人员，在设计过程中，充分发挥 BIM 的协调性，使用同一 BIM 模型协同设计，有利于设计的实时性沟通协调。另外，充分利用 BIM 软件中碰撞检查功能，可以提前进行各专业设计的碰撞检查，在实际施工前发现问题，事先协调，从而大幅减少施工过程中的设计变更。

（4）可视化交底。BIM 的表达方法"所见即所得"，三维的空间模型可以清楚地交代设计图，有利于建设人员通过三维模型直观地领悟设计内容，减少参建各方在沟通上的误解。同时，以 BIM 模型进行交底，多个设计专业能够实时联动，从而提高各专业人员对项目的认识以及相关工作的效率，从而提高建设质量。

（5）图、模、量一体化设计。基于 BIM "面向对象"的设计理念，设计过程中实现精准模型、平纵图纸、工程量等的动态关联、自动更新，将传统设计中的重复低效的手动工作交给计算机实现自动或半自动完成，使设计师从耗时费力的算量、制图等工作中解放出来，让设计回归创新。

2.5.3　施工单位 BIM 应用价值

（1）设计深化。使用 BIM 技术，首先可以对建设项目在施工前进行模拟，从而发现前期设计上的不足或者施工上的困难，并据此进行深化设计。然后在深化设计时，充分利用 BIM 特性，可以准确定位需要深化的位置、检查建筑整体布局，以及基于 BIM 精确信息对设计参数进行复核等。最后在施工图阶段，在足够精度的 BIM 模型基础上，可以较为简便地生成施工图。

（2）项目管理。基于 BIM 承载的工程建设信息，参建各方可以在建设阶段基于模型建设材料设备数据库，完成工程量统计、实现安全/质量/进度等管理，以及对现场进行数字化监控等。另外，根据模型轻量化和 Web 技术，构建基于 BIM 的建设管理系统，实现建设项目的高效率在线管理。

（3）施工方案模拟。在 BIM 精准的构件几何和物理信息的基础上，可以对建设过程中局部节点的施工工艺进行详细的仿真，以发现施工过程中可能存在的问题，验证该工艺的可行性。另外，结合 BIM 模型和进度信息，可对整体结构的建设过程实现 4D 模拟；同时在建设管理系统中，可实时对比显示在计划进度和实际进度下的当前 BIM 模型完成情况，从而直观地显示工程进度。

2.5.4　运维单位 BIM 应用价值

（1）运行监控。结合典型工程建筑物，通过对现地控制系统进行对接，实现对水利工程关键部位的状态监控，如对大坝、闸门、发电厂房进行监控，监控指标包括水位流量指标，闸门的开度、开启速度，水轮机的转速、发电指标，环境要素等内容。

（2）安全监测。借助 IOT 物联网技术，结合 BIM 的可视化表达，主要对坝体、闸门、边坡等位置进行监测，监测指标包括位移、沉降、裂缝、渗流压力、应力应变、环境量等内容，及时、准确地将安全信息呈现出来，辅助决策。

（3）设备管理。通过 BIM 模型对厂房的机电设备、闸门进行可视化管理，与设备信息进行关联，如设计参数、厂商信息、维修信息、施工信息等，寿命到期自动报警，为故障维修提供便利。

（4）资产管理。对资产台账、安装记录、技改维修记录、使用期限台账等方面内容借助 BIM 技术进行可视化、数字化管理，对设计图纸、采购安装资料、技改维修资料、说明书、应急指南等信息进行可视化表达。

（5）远程会商。基于 BIM 与 GIS 等技术的融合，将多源、异构、海量数据进行时空校准，并按照时间/空间/层级结构等维度进行可视化分析，提供沉浸式漫游体验；集成设计、建造、运维等全生命期水利数据，并支持数据实时显示、态势历史回溯，辅助用户全面掌控数据变化态势，支持工程状态远程会商。

第3章
应用需求

3.1　中小企业 BIM 应用现状

为全面、客观地反映 BIM 技术在水利水电行业中小设计院的应用现状，联盟对中小设计院 BIM 技术的应用情况，进行了实地考察及问卷调研活动。

实地考察选取了 5 家具有代表性的单位，进行现场调研讨论；问卷调研共涉及设计单位 100 多家，人员总数基本集中在 50~500 人之间。涵盖大多数中小设计单位，从调研的全面性来说基本能够较为全面、真实地反映行业内中小设计单位的 BIM 技术应用情况。

3.1.1　基本情况

中小设计院业务范围多为中小型水库（电）、河道治理、堤防加固、中小闸坝、泵站等类型的项目勘测规划与设计，具有项目规模相对较小、结构相对简单、项目周期较短、变更频繁等特点，单项目投入人员有限，设计人员多为复合型设计人员。业主多以市县级水利主管部门为主。部分中小设计院为全额事业单位，现行管理体制的压力大，好不容易培养出来的骨干，由于薪酬环境等方面的原因而跳槽，人才很难留住，并且目前市场竞争压力大，生存比较困难。

3.1.2　BIM 应用情况

所调研的单位基本上都属于地市级设计院。从各单位掌握 BIM 技术的人员数量来看，除了极个别单位的 BIM 应用工作开展较好外，大多数单位的 BIM 应用工作还处于刚刚起步的阶段，主要是培训普及、试点应用、做效果图等方面的工作，甚至还有不少单位 BIM 应用工作尚未开展，主要原因是单位人员紧张、基础薄弱、业务单一、领导认识不够等。

从各单位填报的内容来看，有一半单位使用过 BIM 技术，有一半单位使用在 3 年以上；各类工程中以水闸泵站工作应用最多。掌握 BIM 技术的人员不足 10 人的占 2/3；BIM 技术目前主要用于大型综合项目，以及时间周期长、资金充裕和工程难度大的项目。

从各单位 BIM 应用的组织层级来看，成立专职 BIM 部门的单位占 50%，以项目组形式推进的占 31%，还有 25% 的单位尚未建立 BIM 部门；且 71% 以上单位中的专职 BIM 人员数量不足 5 人。将近一半的单位在学习研究 BIM 技术，并且有试点项目，并从中发现价值，后期将持续推广。统计结果反映出，多数单位对 BIM 应用是比较重视的，能够将 BIM 技术应用的组织管理作为单位的长期、关键工作对待，说明 BIM 应用作为行业技术发展的趋势得到了多数单位的认同。

从各单位团队建设方面的情况来看，目前大多单位提供了 BIM 相关的培训，也提供部门奖励性产值，但投入专项经费的单位只占到一半，且投入的经费不多，这也从另一个方面反映出 BIM 应用工作的难度和各单位对 BIM 应用工作既重视又慎重的态度。

从各单位 BIM 应用的阶段来看，92％的单位应用于设计阶段，50％的单位应用于规划阶段，应用于施工阶段的占 21％，而将 BIM 应用到运维阶段的单位基本没有；现阶段 93％的单位没有定制 BIM 实施标准。以上反映出当前各单位 BIM 应用多用于项目的中前期，应用程度不深，且各单位急需 BIM 实施的相关标准。

调研结果反映出，目前 BIM 应用存在外部环境不够成熟，认识定位模糊等问题；也面临着软件应用不成熟、投入成本过高、标准不统一等困难；但是，各单位都能认识到未来 BIM 的重要性，也有使用 BIM 软件的计划。鉴于此，各单位希望有明确的行业指导政策和相关标准。

中小设计院 BIM 应用情况汇总如下：

（1）多数中小设计院了解 BIM 概念，意识到 BIM 的重要性，但由于客观原因，只有部分单位已建或拟建 BIM 研发团队，希望通过 BIM 技术更加准确、有效地满足设计工作需要，大部分中小设计院还处于起步阶段。此外，即使部分单位已建立 BIM 研发团队，大多也存在人员不足、专业不齐全等问题。

（2）已经购买 BIM 软件的中小设计院，选择 Autodesk 平台的最多、Bentley 平台的次之，暂无选择 Dassault 平台的；各单位软件的购买使用成本，是关乎 BIM 应用工作推广的重要因素。

（3）目前中小设计院 BIM 的应用多数处于设计专业局部应用的状态，已开展的大多处在建模阶段，对于模型深化应用及产品价值链延伸未开展相关工作。同时受设计平台本身功能局限性影响较大，二次开发难度大，采购成品成本高。开展的 BIM 项目较局限，虽有一定的工作基础，但整体应用推广的效果及经验积累还很有限。

（4）多数中小设计院从事 BIM 的设计人员多为复合型设计人员，缺少导航培训，现阶段建模依赖设计方案二维图纸，即翻模，难达到正向设计水平。且中小设计院可投入的资金和人力较少，前期基本无产值，BIM 应用效果不明显，推广起来阻力较大，只能在设计院小范围内应用。

（5）目前水利工程 BIM 建模的方法及流程无规可循，很多相关 BIM 标准还没有出台，水利厅等政府单位对 BIM 设计的取费标准规定不够明确。多数中小设计院对 BIM 技术应用积极性不高，BIM 技术推广缺少外部驱动力，激励不够。此外，大多中小设计院 BIM 建模只发挥了三维展示的作用，找不到在项目中的其他盈利点，对如何发挥 BIM 模型的核心功能，茫然失措。

鉴于行业特点、基础软件、硬件环境、资金使用等原因，BIM 设计技术在水利水电中小设计院中，从研究到实际应用阶段，面临着较多难题，大部分中小设计院处于起步阶段，单位体量普遍不大，软件投入一般较小。少数实力较强的单位已经开展了全面培训工作或者已经成立专职部门，初步具备了建模、效果图制作、动画演示等方面的能力，应用专业主要在水工、建筑、测绘、金属结构等专业领域，受平台功能限制，地质和钢筋专业是制约中小设计院 BIM 应用的主要问题。目前大部分中小设计院采用的 BIM 软件工具，以 Autodesk 为主，少量选用 Bentley 软件平台。其应用阶段大部分在招投标阶段，设计阶段主要用于辅助项目汇报、演示动画制作等。

3.2 存在问题

从水利水电中小设计院 BIM 应用整体上看，现阶段各单位信息化发展不均衡，虽然有少数单位 BIM 应用与工程融合较好，但大多数的中小设计院信息化水平比较落后，还处于起步阶段。水利水电中小院设计单位信息化程度在整体和局部上都面临着巨大的潜力和挑战，为了深入 BIM 技术在广大中小设计院中的应用推广，水利 BIM 需要共同解决标准、市场、企业、技术、管理、产业生态圈等问题。

（1）BIM 相关技术标准不完善。目前，水利水电勘测设计行业 BIM 技术不统一、相关标准不完善。近几年，虽然已经相继出台了水利水电工程信息模型应用标准、交付标准等部分标准，但在水利水电 BIM 标准体系中，还有很多相关标准未能出台。设计企业引入 BIM 技术的初衷就是利用 BIM 技术提高生产效率和质量，但是技术标准的不完善阻碍了中小设计院 BIM 技术的发展应用，未起到相应的指导作用，技术标准落地与企业结合还需要过程。

（2）市场 BIM 机制尚不健全。目前，个别 BIM 技术应用较好的省（自治区、直辖市）已经出台相关 BIM 收费标准，这极大地鼓舞了 BIM 技术的应用推广。但是大部分省（自治区、直辖市）BIM 收费标准还不明确，而且已经出台的 BIM 收费标准，存在标准不够细化、落地实施困难等现象。很多中小设计院虽然意识到了水利 BIM 的重要性，但是由于没有合理的定价机制，缺少足够的外部刺激，加上 BIM 技术前期的高投入，使大多中小设计院对 BIM 技术纷纷望而却步。在水利行业，如何去打通产业链，合理化布局产业结构，建立公平合理的定价机制，形成新的水利 BIM 市场，是指导和鼓舞中小设计院投身 BIM 的关键。

（3）企业自身短板。水利水电中小设计院有其明显的自身短板，如业务范围较为单一、技术人员不足、后备人员不足、活力不足、创新能力不足、人员流动量大、资金不足等特点。此外，BIM 技术应用收益和成本没有系统评估，BIM 转型初期，设计师上手困难，BIM 技术与传统二维图整合不良，造成效率低下，既增加了难度，又没有明显的 BIM 收益，使得 BIM 技术难以推广。

（4）技术能力不足。水利水电中小设计院 BIM 应用起步晚，发展较为落后，由于自身资金问题，接触的平台较为单一，很难多样化融合发展，在平台集成度、数据互通性、专业设计功能等方面还存在许多问题。此外，各单位对专业设计软件的研发需求较多，主要集中在地质专业建模及与水工专业集成应用、水工建筑物参数化设计、三维配筋、三维出图、三维可视化校审、数字化交付等内容，但各中小设计院大多不具备二次开发和购买的能力，BIM 专业技术较为薄弱。

（5）配套管理不足。新技术的发展给管理模式、业务流程、配套的人员晋升机制带来一系列的影响。中小设计院人员流动量大，好不容易培养出来一些有能力的技术骨干人员，往往被省院或其他大院挖走。BIM 团队的组建模式、管理措施、激励措施、培训措施及分配措施等方面较为模糊，配套管理不足，不能从组织上为 BIM 发展提供强有力的保障。

（6）产业生态圈仍在培育。水利水电工程信息化涉及产业链、全生命周期、全业务过程的信息共享与协同，面越来越广、深度越来越深、难度越来越大。怎样出台相关政策，让各级水行政主管部门、建设单位、设计单位、施工单位、监理单位等部门都能积极参与进来，特别是业主单位，让他们乐意为 BIM 设计的额外成本买单，提高 BIM 应用积极性；将设计集成、施工管理、项目管理、协同办公、运行管理等核心业务协同发展，加强数据共享、携手共同发展，形成良好的 BIM 应用生态圈，还处于探索阶段。

3.3　应用需求分析

3.3.1　测绘

传统地图生产的采集方式包括采用全站仪、GNSS－RTK 等方式，野外采集数据量小，采集的速度也有限。新的地图生产方式采用三维激光扫描仪、倾斜摄影测量等，具有数据量大、速度快、自动化程度较高的特点，已逐步在水利水电工程勘测设计工作进行使用。但利用倾斜摄影等技术产生的三维模型，在地形地物上没有分开显示、标识不清，拍摄精度具有受飞行高度、相机、天气及环境影响的特点。这些特点的存在以及行业缺乏倾斜摄影模型应用于勘测设计工作的相关标准和要求，还未能普遍开展相关工作。目前，水利水电行业 BIM 应用对倾斜摄影测量等技术的有效融合应用，亟须出台相应的行业或企业标准及技术手册，以使得不同的仪器设备和软件所涉及到的数据能够顺利衔接，拍摄的精度有相应标准约束，以满足后续设计等工作的模型修剪和设计精度的要求。

3.3.2　地质

具有较全地质属性信息的工程区地质 BIM 模型与工程设计 BIM 模型的有效融合应用是水利水电设计单位全面推进 BIM 技术应用的需要，也是地质专业自身数字化发展的需求。该专业对地质 BIM 建模平台或软件的基本需求可归纳如下：

（1）建模软件算法应包含有专门针对地质建模提出的可约束离散数学插值算法。

（2）建模软件应具有适应任意复杂地质条件（一般地层、构造、透镜体、褶皱、侵入体、溶洞等）的建模能力，确保地质模型勘探点 100％精度，勘探点之间推测地质界面光滑合理，形态美观。

（3）建模软件建立的地质模型应具备动态更新的能力，以满足在不同阶段勘察资料变化、模型校审等情形的修正。

（4）建模软件除满足建立地质几何模型外，还应具备利用实测数据和计算分析数据建立地质属性模型的能力。

（5）对地质基础数据格式不应强制要求特殊格式，如专用数据库或专用格式；数据格式可采用多种通用格式导入，如数据表格、数据文本、图形文件等。

（6）针对简单地质内容如土体和平缓岩层，应具备自动建模的能力。

（7）建立的地质模型应具备任意剖切面的能力，能显示任意切面的地质内容；具备输出传统图件（如剖面图、平切图）的能力/潜力。

（8）地质建模应具备协同建模的能力，以满足多专业或多人共同完成的需求。

（9）地质模型输出格式应尽量满足下游设计软件、数值分析软件的要求。

（10）建模软件应满足校审、验收的需要，具备相应的量测、统计工具。

（11）地质模型成果应可以进行固化处理，固化后模型满足版本唯一、文件只读等要求，以保护企业的知识产权，在模型利用时不可更改，便于后续专业安全使用。

3.3.3 水工

水利水电工程水工专业是行业的主专业，需要应用 BIM 软件根据地形、地质条件进行工程建筑物布置、建筑物开挖设计、体型设计、水力学计算、结构计算、配筋设计等工作。随着水工应用水平的提高还需要解决以下问题：

（1）需要根据倾斜摄影模型建立数据量小、地形地物分开、方便进行布尔运算的设计工具软件。

（2）对于地质专业提供的数据，需要解决水工设计软件数据互通的问题。

（3）对于诸如道路、地块平整等挖填平衡问题，需要能合理解决其挖、填工程量计算及平衡问题等的专用工具软件。

（4）对于长距离管线涉及的地形，需要解决模型空间及大尺寸地形坐标匹配问题。

（5）目前的配筋软件还不够灵活及便捷，需要更好地匹配多数设计院的制图规范，特别对复杂异形结构能有很好的支持，按指定界面布设钢筋及出图，形成行业通用标准。

（6）有限元分析需求：对水工建筑物需要进行有限元计算分析时，可适当简化模型信息，且所需模型数据应与专业有限元软件直接对接，因设计信息修改的模型，需实时更新，以达到设计计算一体化。

3.3.4 路桥

路桥专业同渠道、管线等水利工程一样都属于线性工程，其对地形、地质条件的要求同枢纽工程等点状工程在 BIM 技术进行设计方面具有不同的特点。现阶段具体有以下几点需求：

（1）公路工程作为线形工程，受影响因素较多，沿线地质情况复杂多变，地形测量难以保证高准确率。传统的平面布线，带状地形测量，地质建模的适当精度如何通过 BIM 模型反映急需相应的规程规范来界定。

（2）道路和桥梁的专业性较强，需要打通专业软件和总体设计软件之间的衔接，实现动态协同设计。

3.3.5 渠系建筑物

渠系建筑物主要用于灌溉、供（排）水及其他用水目的修建的水工建筑物。建筑物包含渠首建筑物、控制建筑物（如节制闸、分水闸、斗门等）、交叉建筑物（如渡槽、倒虹吸、涵洞、隧洞等）、泄水建筑物（如泄水闸、退水闸、溢流堰等）、落差建筑物（如跌水、陡坡等）、冲（沉）沙建筑物、量水建筑物等类型，其特点是工程一般呈线性布置，线路较长，沿途建筑物类型多，而单体建筑物型式设计较为简单。其对 BIM 应用需求内容主要有以下方面：

（1）由于渠系建筑物单体建筑物的体型相对简单，但建筑物类型多，可利用 BIM 参数化建模的优势，不断完善其参数化模型库，实现建筑物标准化、定型化设计。

（2）灌溉与供（排）水工程属于线性工程，也是一个系统性的工程，构筑物种类繁多，形式多样，且归类统计难度较大。因此，在可操作性强的基础上，需要通过相应的二次开发功能，实现不同构筑物的分类统计功能。

（3）由于渠系建筑物属于线性工程，工程线路长，在设计过程中经常会对线路进行调整，因此，建立起一套有效的 BIM＋GIS 联合应用方案，满足线路优化布置、三维可视化交流、工程量计算等方面的要求。

3.3.6　水机

水利水电工程水机专业需要进行设备选型、布置、管线设计等工作，随着 BIM 技术的发展，需要解决以下几点需求：

（1）水机专业设备种类多、组成部件多、形状复杂，建模复杂和烦琐，应建立完整的水机设备库以备使用，模型应尽量参数化并系列化，以满足不同尺寸模型调用需求。

（2）进行软件的开发时能够利用程序建立透平油、绝缘油、压缩空气、技术供水、排水、水力量测系统图，并能根据系统图的变化驱动模型作出相应的改变。

（3）开发软件自动进行管路连接，清晰直观给出每根管路走向和管路之间相对关系。在管路上布置阀门、仪表等管路零件。工程量自动统计，一键输出阀门、管件、钢管等设备材料表。

3.3.7　电气

水利水电工程电气专业需要进行主接线设计、电气设备选型、电缆布置、二次保护设计等工作，随着 BIM 技术的发展，需要解决以下几点需求：

（1）缺少完整的、可更新拓展的参数化电气设备库，设计效率低。

（2）传统电气设计参数常以抽象的数字和符号在电气系统设计图中显示，如何将设计图纸中更多的信息以 BIM 模型的方式表现。

（3）电气专业的专业化计算及设计都有专业化软件，需要建立合适的协同工作模式以提高各专业的总体设计效率。

3.3.8　金属结构

水工金属结构具有多样性、分散性、复杂性等特点，一般总装外形大而零件较小且两者尺寸相差悬殊、零件较多，是工程后期主要运维对象，设备全生命周期（方案、设计、招标、制造、安装、运行维护等）信息资源量较大，故对 BIM 在金属结构专业的应用提出以下需求：

（1）具有通用性、规范性、易操作性的金属结构常用零件库和模板库等资源平台，以便后期调用，或者提供创建资源库范例和标准。

（2）具有 CAD/CAE/CAM 一体化技术，或者提供 CAD/CAE/CAM 模型关联思路和方法，可实时优化完善设计，并能关联标准化或个人定制计算书。

（3）便捷实用的常用工程图表达工具，或提供各单位标准开发相关出图工具思路和方法。

（4）具有专业协同与碰撞分析检查技术及人机工程模拟技术。

3.3.9 移民

水利工程移民专业主要进行移民调查、移民安置、淹没范围确定、移民相关工程设计等工作，随着 BIM 技术的发展，需要解决以下几点需求：

（1）基于 BIM+GIS 系统能够动态调整水库移民和征地的范围，获取移民调查的数据、移民安置的去向，并能进行统计分析及查询，建立数据表和地理信息相结合的体系。

（2）基于 BIM 技术采用无人机倾斜摄影技术，快速、精准地获取地物信息，生成水库库区三维模型。在房屋、土地、青苗、零星树木和专项工程的调查过程中，借助专业软件对库区三维模型进行动态单体化处理，生成矢量化数据，并能进行统计和分析工作。

3.3.10 水生态水景观设计

水生态水景观设计不同于传统的水工设计，BIM 在景观设计中的运用需求主要包括以下几方面：

（1）规划前期阶段，对每个方案模拟仿真实景，增强可视化、侵入式的设计。更为直观地体现设计者的方案及优化方案，可以让决策者清晰地感觉到方案的优劣性。

（2）增强 BIM 的建模渲染效果，特别是涉及山体、河道等大场景。

（3）基于 BIM 模型完成水动力等多种计算。

3.3.11 施工组织

施工组织设计专业关于导流洞、施工临建设计、围堰、场地布置的需求和水工等专业的需求相同，而施工组织设计特有的施工方法、施工进度给 BIM 技术提出了新的要求。

（1）需要施工专业的 BIM 软件能够根据施工机械的特性进行施工场地的三维布置，并能动态模拟施工的工艺，验证施工方案的可行性。

（2）需要施工专业的 BIM 软件能够利用研究施工前后关系的精度同项目进度软件（例如 P3 和 Project）等业内常用的项目管理软件有很好的接口，可以根据三维实体模型的进度安排，可视化地研究项目的工期和关键路径。

3.3.12 造价

BIM 技术在造价专业的应用推广很不普遍，应用技术也不够成熟。造价专业需要根据不同的综合应用平台，完善技术标准要求，开发专业的软件来进行 BIM 软件的应用。

（1）编写满足工程造价需要的《水利水电工程 BIM 信息模型应用标准》，需要针对不同的设计阶段，规定信息模型的属性信息及模型细度要求，达到利用 BIM 模型算量的精度和分项要求。

（2）考虑到工程单价编制需要，BIM 模型应提供动态的施工方法及造价编制需要的工艺、运距、施工条件等相关信息。

（3）考虑到水利水电工程各专业利用的不同 BIM 软件进行设计，需要统一 BIM 算量的数据接口。

第 4 章
解决方案

　　根据中小设计院 BIM 应用需求调研情况，中小设计院除了极个别单位的 BIM 应用工作开展较好外，大多数单位的 BIM 应用工作还处于刚刚起步的阶段，甚至还有不少单位 BIM 应用工作尚未开展，整体应用水平参差不齐，应用深度差别也较大。造成这种现象的原因，主要是管理、技术以及业务需求方面的因素。要破解 BIM 应用方面的难题，需要做好组织领导，将 BIM 应用作为单位"一把手"工程，以典型项目为依托，根据设计院自身的 BIM 发展阶段拟定合理的目标，从软件、硬件以及组织体系等方面进行准备，分阶段、分步骤来实施，并加强督促落实，保证典型项目的效果。

　　本章的解决方案是比较全面、系统的，且适合具备一定应用基础的设计院。对于小型设计院来说，应该结合自身的人员、资金情况，从专业应用开始，在单个应用点获得突破，不应追求大而全。依托于行业生态圈，借助 BIM 应用先进单位的力量，多进行学习、交流，在大中型设计院的基础上吸收经验教训，依托项目使得 BIM 技术尽早形成生产力，并发挥后发优势，以促进本单位 BIM 应用跟上工程数字化、信息化的步伐。

4.1　拟定目标

　　中小设计院根据企业的业务范围和自身特点，制定切实可行的 BIM 应用目标。其中，近期目标要能够在自身传统业务上应用 BIM 技术，以提升传统业务的质量和效率；远期目标要能够结合 BIM 技术，研究开发出创新型的业务应用。小设计院可以结合专业类别或者项目类型制定更加贴合、更加适宜的 BIM 目标。

　　目前，中小设计院大部分以勘测、设计为主要业务，部分企业也有施工总承包、运维、咨询等。各地的工程建设主管部门都对当地的工程项目在 BIM 的实施方面，提出了指导意见或强制要求。因此，企业的近期目标，要使自身的 BIM 技术水平能够满足相关政策以及建设方的要求；远期目标，企业应根据不断的技术积累，在传统业务上结合 BIM 技术，开发创新型的应用，更好地为建设方服务，甚至引导 BIM 的发展方向，同时提升企业的竞争力。

4.2　实施准备

4.2.1　软件准备

　　不同的 BIM 软件在收费方式、学习成本、生态环境等方面都有着一定差别。中小设计院在选购 BIM 平台之前，要做好行业调研和技术调研。BIM 软件框架、功能以及对各专业的适用性，可以参见 2.3 节以及《水利水电行业 BIM 发展报告（2017—2018 年度）》中的相关论述。企业在选购软件平台的时候，建议考虑以下几个方面的因素：

（1）企业的规模和 BIM 软件方面的预算。目前国外几款主要的 BIM 平台，是根据使用的节点数量按年收费的，是一个长期的投入。不同的软件在费用方面，可能有着数倍的差距，企业可以根据自身的 BIM 发展计划、自身的业务需求，统筹考虑 BIM 软件的采购。值得一提的是，国产 BIM 平台在价格方面具有明显优势。

（2）软件的学习成本。不同的 BIM 软件，在软件的设计理念及行业的适用性上有所区别，导致软件在操作的难易程度上，存在着一定的差距。对于用户来说，掌握软件所需要花费的学习成本也不一样。对于简单的软件，可以在网络、书店等公共渠道上找一些教材、多媒体教程等，通过自学的方式就可以掌握，学习的时间成本和经济成本都相对较低；对于一些复杂的软件，学习资料较为匮乏，再加上软件的操作复杂，可能需要聘请其他的服务商，采用项目导航的方式，进行专门的软件培训，其时间成本和经济成本都会有一定的上升。

（3）软件的生态环境。由于软件的价格、在中国的推广销售策略、软件的开放性等方面的原因，国外不同 BIM 平台在中国的技术支持、交流学习的公共渠道、用户基数、二次开发商、培训机构数量规模等都有着较大的差距，围绕各个 BIM 平台，形成了不同的生态环境，从而会影响到软件的使用效果以及使用成本。

4.2.2　硬件准备

BIM 软件对于计算机性能的要求，比二维制图软件要高，因此还需要为 BIM 应用配置相应的高性能计算机或者图形工作站。具体的性能要求，因不同的 BIM 软件以及不同的版本而异，采购之前可以参考软件关于计算机配置要求的说明。

中小设计院应根据企业自身特点及对 BIM 技术的目标定位，合理选择硬件配置。可参照《水利水电工程 BIM 实施指南》中的相关内容。

4.2.3　BIM 部门

在探索 BIM 应用的初期，中型设计院可以成立专门的 BIM 技术部门，承担 BIM 技术的研究应用推广，因为过程中需要消耗大量的人力财力，所以需要管理层的支持，以便调动所需要的资源，BIM 部门的人员可从现有的部门抽调，也可对外招聘有 BIM 经验的人员。根据行业内已有的经验，BIM 推广最好列为"一把手"工程，建议由单位主要领导直接负责。小型设计院受限于公司的资源和能力，成立专门的 BIM 技术部门不太现实，可以成立 BIM 技术小组，进行 BIM 技术的研究应用推广。

待后期技术成熟之后，可以将 BIM 技术向生产部门进行推广，由生产部门承担将 BIM 技术直接应用在实际的生产项目上，原有的 BIM 部门可以作为技术支持部门或者 BIM 的推广监督部门。

要将 BIM 技术应到实际项目的生产，在执行层面上，一个 BIM 团队至少需要以下几方面人员：

（1）IT 人员。负责软硬件的维护、网络的搭建、协同平台的部署等。

（2）专业应用人员。这类人员通常为传统的专业人员，在自己的专业领域内具有丰富的经验，熟悉本专业的输入条件、工作流程、产出成果，也知道专业内的问题所在，能够对 BIM 的应用提出需求，利用 BIM 技术从各个方面提高专业的工作效率及成果质量。

（3）BIM 应用人员。熟练掌握 BIM 软件，对专业知识要有一定的了解，能够配合专业人员，利用 BIM 软件来完成专业工作。当然，最好是有经验的专业人员，同时熟练掌握 BIM 软件，但实际情况下，学习 BIM 软件有一个较长的过程，专业人员又要从事项目的生产，很多中小企业都无法让专业人员长期脱产从事 BIM 软件的学习，因此可以采用循序渐进的方式，前期可以让刚入职的新员工学习 BIM 软件，再通过 BIM 设计，积累专业知识，最终目标是让工作人员同时具备丰富的专业知识，并且掌握 BIM 技术。

另外，为了更好地提高 BIM 的效率，展示 BIM 的成果，还可以配备：①BIM 开发人员。掌握计算机编程，能够对 BIM 软件进行二次开发，以提高 BIM 软件的使用效率；②美工人员。掌握模型的渲染、视频的剪辑等，更好地展示 BIM 的成果。

4.3 实施阶段划分

BIM 技术应用从无到有，再到全面推广，可以按照"试点应用、扩大应用、全面推广"三个阶段的战略来实施。

小设计院宜结合业务特点、专业技术条件，以目标和结果为导向，明确更加直接、高效的实施方法，可先采取直接拿来主义，后期再总结、提高、扩展。

4.3.1 试点应用阶段

在该阶段，中小设计院对 BIM 的概念、相关理论及应用还不是很了解，获取或得到的都是碎片化的零散理论，知识较为片面、不成体系。

在这一阶段，BIM 实施主要以 BIM 基础理论宣贯为主，强化中小设计院各级领导和员工对 BIM 技术的认识，了解 BIM 技术的重要性，营造学 BIM、用 BIM 的良好氛围，学习国家及地方关于 BIM 的政策，去成功推广 BIM 的兄弟单位进行调研考察，并在本单位进行项目试点，为下一步扩大应用作准备。本阶段实施步骤如下：

（1）BIM 基础理论宣贯。进行 BIM 基础理论知识宣贯，强化设计院各级成员对 BIM 技术的认识，建立 BIM 全局的观念，对 BIM 有比较清楚和全面的认识，能够在工作中正确地认识和开展 BIM 相关工作。可以找一些自身业务范围内的工程案例，立体地展示工程应用 BIM 技术后达到的效率和效果，以激发员工的学习热情，营造学 BIM、用 BIM 的良好氛围。

（2）政策学习。了解学习国家及地方关于 BIM 的政策，尤其是各地的工程建设主管部门，近年来都相继颁布了推广 BIM 技术在工程建设中应用的相关政策，有强制性要求、收费标准、指导意见，以及标准规范等。了解这些政策，有助于了解 BIM 的趋势，提前应对，使设计院在 BIM 方面的技术能力能够满足建设方的要求，提高设计院的竞争力。

（3）调研考察。可以去已经成功推广 BIM 的兄弟单位进行交流考察，学习行业推广的经验，调研考察的内容主要包括采用的软件平台、项目的应用情况、BIM 部门的组织架构形式、相关的推广奖励措施等。

（4）项目试点。抽调少数人员，专门从事 BIM 方面的研究，可以在以往或者在运维的项目中，选择一两个简单的项目，局部应用 BIM 技术。在这个过程中，重点测试 BIM 平台和设计院的适应性：能否解决业务中的问题，设计院能否负担平台的各种成本等，为后续的推广确立一个大致的方向和初步的应用目标。

4.3.2　扩大应用阶段

在该阶段，中小设计院对 BIM 技术已经有了充分了解，并且有了初步的应用目标，需要开始培养设计院内第一批具有 BIM 技术的各专业人员，打造一支包含各专业的 BIM 团队，能够应付典型项目的生产。

（1）软硬件部署。在对市场上在售的 BIM 平台进行了充分了解的基础上，从平台的价格、适用性、难易程度、生态环境等方面进行综合考虑，选择适合设计院自身的 BIM 平台；同样，根据设计院自身的资金投入计划、BIM 人员的数量等，采购相应的服务器、图形工作站等硬件设备。

（2）成立 BIM 部门。抽调各专业人员，成立专门的 BIM 技术研究部门，首先从时间上予以保障，使 BIM 人员能够集中一段时间脱产研究学习 BIM 软件。

（3）软件学习。根据软件的难易程度，确定相应的学习方案。例如，可以从网络等一些公共渠道获取视频教程进行自学，也可邀请一些有经验的服务商，以项目导航的方式，在服务商的指导下，完成软件的学习。这一过程主要是掌握软件的基本功能。

（4）项目实战。在掌握软件的基本功能后，可以挑选一两个自身业务范围内典型的实际项目，结合项目情况，各专业以 BIM 为工具，实现项目的建模、出图、模拟分析等。因为 BIM 平台是通用性的软件平台，适用于各行各业，通过项目实战，能够总结出一套适合本企业的软件操作方法、工作流程、专业协作方式等，从而准备下一步的推广。

4.3.3　全面推广阶段

在该阶段，中小设计院在经过多个项目的实战后，技术上已经有了一定的积累，同时也具备了一批具有 BIM 技术的专业人员，但是各专业仍各自为战，还无法在项目上开展真正的协同设计，相对缺乏设计院整体的 BIM 流程管控体系。接下来，为了使 BIM 技术在设计院内部真正落地，需要建立完善的项目协同设计平台，全面梳理设计院 BIM 应用管控流程，编制设计院 BIM 应用体系文件，搭建设计院核心 BIM 设计模型库，制作 BIM 设计模板文件等，使 BIM 技术成为设计院的常规生产力。

（1）协同平台建设。想要让 BIM 的效率实现最大化，离不开协同设计平台的支持。所有的工作文件，都通过协同平台在团队成员之间实时共享，不受时间和空间的限制；基于协同平台，团队成员能够在第一时间得到最新的成果，避免专业冲突。协同平台搭建后，需要一套完善的制度才能保障其良好的运行，发挥其最大的价值。目前市场上也有很多种类型的协同平台，大部分是作为 BIM 平台的一部分，如果选择与 BIM 软件同一个厂商的产品，与 BIM 软件的结合性相对会好一些。当然，设计院也可以结合自身的管理需求，将 BIM 的协同、设计院的档案管理，ERP（Enterprise Resource Planning，企业资源计划）系统等全部结合起来综合考虑。

（2）标准体系建立。为了迅速推广 BIM 技术，需要将已经积累的技术经验进行总结，形成一套标准化的作业体系，能够指导其他人员根据标准化体系，按部就班的快速掌握 BIM 技术。标准化包括两个方面，即模板标准化和流程标准化。

1）模板标准化，主要在 BIM 软件的操作层面，包括模型文件的命名，模型的材质、颜色，参数化模块的命名，二维、三维视图的表达方法等；该标准化需要结合软件的功能、相应的规范标准、设计院的制图习惯，尤其是在 BIM 的制图表达方面，一定要得到从设计到各级校审的一致认可，少走弯路。

2）流程标准化，主要在项目管理层面，包括 BIM 实施大纲，项目组软件、硬件、网络环境的配置，专业的拆分，各专业协同工作的方法，协同平台权限的分配，三维提资、三维校审的流程等。上述标准化，会因设计院所采用的 BIM 平台，以及设计院自身的专业配置、部门架构、工作习惯等的不同而有所差异，设计院应该根据自身的实际情况，制定一套适合自己的标准化体系。

（3）推广制度。由于学习掌握 BIM 技术需要员工花费相当的时间和精力，对于要忙于项目生产的员工来说，比以往要付出更多，所以在推广 BIM 的过程中，设计院可以建立一套奖惩制度，以激发员工学习 BIM 的热情。

4.4 操作流程

从前期阶段、施工图设计阶段、建造阶段、运行维护阶段，分别阐述 BIM 技术的应用方案操作流程。

4.4.1 前期阶段操作流程

水利水电项目前期阶段，可以采用 BIM 技术进行方案比选、方案效果展示等。BIM 技术的可视化，对于设计行业的作用是非常大的，可以直观展示所想表达的设计内容。BIM 技术的可视化能够在复杂形体及空间之间形成互动性和反馈性，优化方案设计，便于工程各方参与者直观沟通、讨论和决策。

4.4.1.1 方案比选

1. 应用目标

传统方式在构思设计方案时，通常采用二维草图辅助记录思维过程，这种方式设计结果不便于直观表达，而且对于空间感不强的人，细节上处理会比较模糊，特别对于复杂工程，传统方式二维图纸表达困难，方案变更工作量大。而采用 BIM 技术在方案设计工作中有相当大的优势，其可视化特点可以将传统的二维图纸转化为三维模型，可以更为清晰地表达方案。通过可视化等方式，不仅可以展示三维直观模型，而且可以结合三维透视图、模型的轴测图、平面图、立面图、剖面图等多角度，直观高效地比选出最佳设计方案。

利用项目工程信息模型可进行设计方案的比选和优化，操作流程如图 4.4-1 所示。

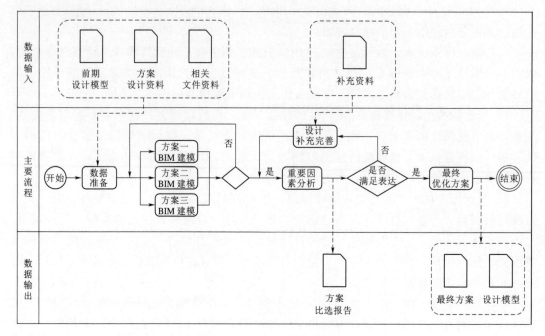

图 4.4 - 1　方案比选操作流程

2. 数据准备

（1）设计报告。在进行方案对比前，需要提供该方案的设计报告，以便从中提取该部件的结构尺寸、物理力学参数、地质参数等相关信息。

（2）三维模型。在进行方案对比时，需要提供通过相关责任方审核确认的三维模型，工程各参与方，可根据三维模型的可视性，直观地商讨确定优选方案。

（3）其他资料。在进行方案对比时，将三维模型与相关责任方审核确认的其他资料（如二维图纸等）结合，最终确定最优方案。

3. 应用流程

前期进行数据准备，将设计方案相关资料准备齐全，根据设计方案思路，在三维设计软件中，完成同一构件、不同设计方案模型，便于后面进行方案对比。建模过程中应遵循通用的建模标准，必要时导出可读取的数据格式，便于在其他可视化软件中进行方案对比。

在三维设计软件或相关可视化软件中，将不同方案的三维设计模型进行对比分析，结合三维透视图，模型的轴测图、平面图、立面图、剖面图等，对比分析不同方案模型的空间分布、结构尺寸、外观样貌、合理布局等各指标数据，结合设计要求分析讨论，综合评估选取最优设计方案。

分析结果、评估复核方案模型是否满足要求。若不满足要求，需要对模型进行优化调整，以确定最终优化设计方案，并将其反馈到最终的设计报告、设计图纸中。

4. 成果表达

在方案确定之后，形成本阶段的方案设计模型，必要时，按照相关要求编制设计方案对比优化报告。

4.4.1.2　方案效果展示

1. 应用目标

方案效果展示是通过 BIM 三维模型生成三维动画、渲染效果图等成果，将项目关注重点进行展示。三维动画能清晰地表达建筑物设计效果，反映主要空间布置、复杂区域的空间构造等，利用动态交互的方式对项目区域进行全方位审视，使业主通过三维交互浏览、动画漫游等方式提前感知工程完建后的面貌，达到工程项目可视化、具备创新性的宣传效果。

方案效果展示应根据需要选择模型并进行轻量化处理，操作流程如图 4.4-2 所示。

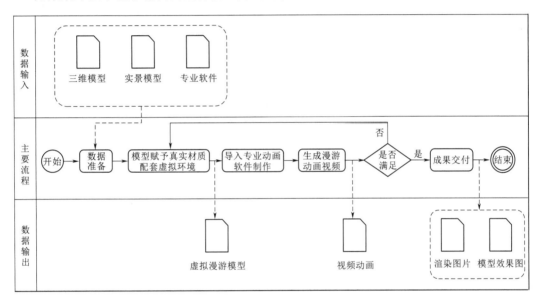

图 4.4-2　方案效果展示操作流程

2. 数据准备

（1）设计报告。需要提供通过相关责任方审核确认的设计报告，以便从中提取该方案外观描述、布局尺寸等相关信息。

（2）三维模型。需要提供通过相关责任方审核确认的三维模型，导出相关数据格式，将其放入三维效果制作软件中生成三维动画、渲染效果图等成果。

（3）其他资料。需要提供通过相关责任方审核确认的其他资料。

3. 应用流程

前期数据准备完成之后，在三维设计软件中完成模型的创建。建模过程中应遵循通用的建模标准，并能导出为可读取的数据格式。

将 BIM 三维模型数据导入 Lumion 等具有虚拟动画制作功能的 BIM 软件或专业制作软件中，根据实际场景的情况，赋予模型相应的材质、灯光、配景等资源，对模型进行优化处理。设定视点和漫游路径，该漫游路径应当能反映设计方案的整体布局、主要空间布置以及重要场所设置，以呈现设计表达意图。方案效果展示可采取视频、VR、AR、MR

等多种播放方式。

评估方案效果展示是否满足要求，若不满足要求，则需要对模型进行渲染优化调整，并根据需要协调漫游路径，优化形成最终效果展示方案。

4. 成果表达

（1）虚拟漫游模型。

（2）渲染效果图、VR全景图。

（3）三维漫游动画。

4.4.2　施工图设计阶段操作流程

4.4.2.1　场地分析

场地分析的主要目的是利用场地分析软件或设备，建立场地模型；在场地规划设计和建筑设计的过程中，提供可视化的模拟分析数据，以作为评估设计方案选项的依据。在进行场地分析时，应该详细分析施工场地的主要因素。

利用工程项目信息模型可进行场地建模与分析，操作流程如图4.4－3所示。

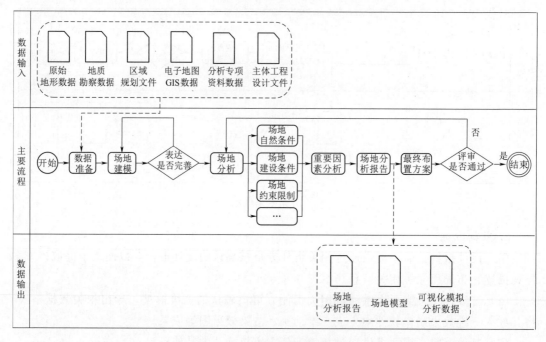

图4.4－3　场地分析操作流程

1. 数据准备

场地建模所依据的数据资料应通过对项目用地的现状和周边环境进行调查收集，包括但不限于原始地形数据、地质勘察数据、区域规划文件、电子地图、GIS数据、分析专项资料数据、主体工程设计文件等。

2. 应用流程

（1）场地模型内容应包括现场场地边界（控制线）、原始地形表面、场地现有建筑及设施、场地既有管网、场地周边主干道路、场地设计方案和三维地质信息等。

（2）场地分析宜根据场地坡度、坡向、高程、纵横断面、土方填挖量等数据，对场地设计方案或工程设计方案的可行性和优劣性进行评估。

3．成果表达

场地模型分析成果包括场地分析报告、场地模型、可视化的模拟分析数据等。

4.4.2.2 仿真分析

仿真分析的主要目的是利用专业的仿真模拟分析软件，使用工程信息模型或者建立的分析模型，对建筑物的结构、功能、行洪能力、布置以及运行情况等进行仿真模拟分析，以提高建筑物的安全性和合理性。

仿真分析应与项目各阶段的设计任务紧密关联，在不同阶段进行相应的仿真分析内容，仿真分析包括但不限于以下内容：结构受力分析、大体积混凝土温度计算分析、基础稳定分析、流体力学分析、施工模拟分析和大型关键机电设备的仿真分析等。

利用工程信息模型可进行性能仿真分析，操作流程如图 4.4-4 所示。

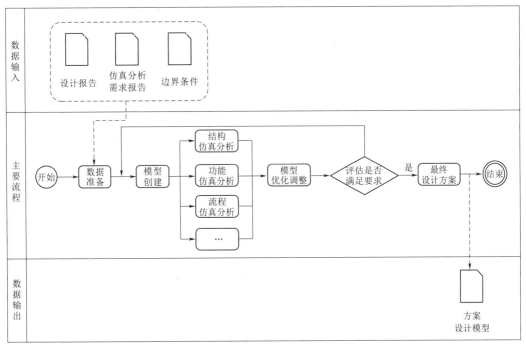

图 4.4-4 仿真分析操作流程

1．数据准备

（1）设计报告。进行仿真分析前，需要提供该部件的设计报告，以便从中提取该部件的结构尺寸、物理力学参数、地质参数等相关信息。

（2）需求报告。需求报告中需要提供仿真分析目标，以及对最终成果的要求。

（3）边界条件。边界条件包括边界约束情况、外部荷载情况等。

2．应用流程

前期数据准备完成之后，在三维设计软件中完成模型的创建。建模过程中应遵循通用的建模标准，并能导出为可读取的数据格式。

将三维模型数据导入有限元计算软件，在软件中进行划分网格、确定边界、添加外部荷载、确定时间步长等操作，完成有限元计算分析。分析种类包括结构仿真分析、温度场仿真分析、流体力学仿真分析、金属结构仿真分析等。

根据分析结果评估复核模型结构是否满足要求。若不满足要求，则需要对模型进行优化调整，并再次进行比较方案计算，直至确定最终的结构和方案。

3. 成果表达

在方案确定之后，形成本阶段的方案设计模型，同时，按照相关要求将分析结果形成有限元分析计算书。

4.4.2.3　方案比选

设计方案比选的主要目的是选出最佳的设计方案，为后续设计阶段提供对应的设计方案模型。通过构建或局部调整的方式，形成多个备选的设计方案模型（包括建筑、结构、设备、布置）进行比选，使项目方案的沟通讨论和决策在可视化的三维仿真场景下进行，以实现项目设计方案决策的直观性和高效性。

设计方案可利用模型进行可行性、功能性、经济性和美观性等方面的比选。

利用项目工程信息模型可进行设计方案的比选和优化，操作流程如图 4.4-5 所示。

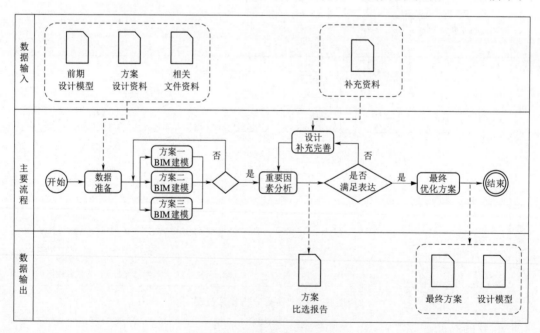

图 4.4-5　方案比选操作流程

1. 数据准备

方案比选的数据准备应对项目建设场地现状及其功能需求的信息进行收集，包括但不限于前期设计的各专业 BIM 模型、作为方案设计基础的基本项目资料以及由其形成的方案设计资料。

2. 应用流程

（1）收集数据，保证数据的准确性。

（2）建立方案设计信息模型，模型应包含方案的完整设计信息，包括方案的整体平面布局等。

（3）检查多个备选方案模型的可行性、功能性等方面内容，并进行比选，形成相应的方案比选报告，进而选择最优的设计方案。

3. 成果表达

设计方案比选的成果包括比选报告和设计模型。

（1）方案比选报告宜包含体现项目的模型截图、图纸和方案对比分析说明。

（2）推荐方案设计模型需要体现水工建筑基本造型、结构主体框架、设备方案、工程布置等内容，比选方案模型设计信息包括方案的整体平面布局、外观设计、面积指标等；基于二维设计图纸建立模型的，应确保模型和方案设计图纸一致。

4.4.2.4 可视化应用

可视化应用的主要目的是结合 BIM 软件和设计过程场景要求，通过模型模拟建筑物的三维空间关系和场景，采用漫游、动画和 VR 等形式提供身临其境的视觉、空间感受，有助于检查建筑物布置的匹配性、可行性、美观性以及设备主干管排布的合理性。设计阶段利用可视化有助于及时发现不易察觉的设计缺陷或问题，减少由于事先规划不周全而造成的损失，有利于设计与管理人员对设计方案进行辅助设计与方案评审，促进工程项目的规划、设计、投标、报批与管理。

可视化应用贯穿设计各阶段，可提供直观的虚拟对象或虚拟场景，包括但不限于虚拟仿真、漫游、可视化校审、可视化设计交底等。

虚拟仿真、漫游应根据需要选择模型并进行轻量化处理，操作流程如图 4.4-6 所示。

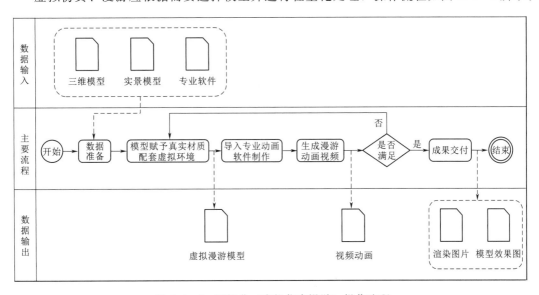

图 4.4-6　可视化（虚拟仿真漫游）操作流程

1. 数据准备

数据包括已创建的三维地形、建筑、水力机械、电气、金属结构模型等。

2. 应用流程

（1）在原始三维地形模型上，进行开挖回填设计，得到项目地形模型，以提取等高线的方式得到相应高程的水面线，并导出地形文件。

（2）将地形、水工、建筑、机电金结模型文件分别导入到后期处理软件，完成模型配准。

（3）三维模型材质贴图。

（4）场景景观设计。

3. 成果表达

（1）虚拟漫游模型。

（2）渲染效果图、VR 全景图。

（3）三维漫游动画。

4.4.2.5　碰撞检测

碰撞检测的主要目的是基于各专业模型，应用 BIM 三维的可视化技术检查施工图设计阶段的碰撞，完成项目设计图纸范围内各专业构筑物间，以及水工建筑物结构平面布置和竖向高程等相协调的三维协同设计问题，尽可能减少实际碰撞，避免空间冲突，避免设计错误传递到施工阶段，减少不必要的设计变更，同时可以使空间布局合理。

利用项目工程信息模型可进行碰撞检测，操作流程如图 4.4-7 所示。

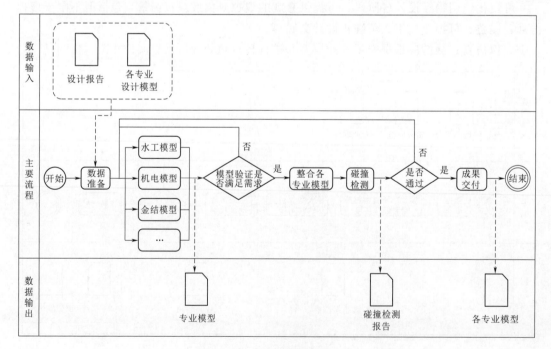

图 4.4-7　碰撞检测操作流程

1. 数据准备

厂房内部设计涵盖多个专业，在碰撞检测前需要收集所有相关专业（包括水工、建筑、机电设备管线）的最新 BIM 模型，并在 BIM 设计软件中通过链接功能整合各专业模型，完成模型的组装。

2. 应用流程

形成完整的模型后，首先通过外部工具导出，将导出文件载入到 BIM 应用中，利用碰撞检测功能，在窗口中添加检测创建新的检测项目，选取碰撞检测的对象（如电缆桥架与水机管线，机电管线与水工结构等），点击运行检测，程序即可自动生成检测结果。根据生成的检测结果，与其他专业设计师进行协商调整后形成最终的模型。

3. 成果表达

碰撞检测应用成果应包括调整后的模型和碰撞检测报告。碰撞检测报告留作模型变更的依据，报告应包括：①项目编号、项目名称、项目工程阶段；②碰撞检测人、检测版本和检测日期；③碰撞检测规则、碰撞检测范围、碰撞位置、问题描述和优化调整意见等。

4.4.2.6 模型出图

设计图纸是表达设计意图和设计结果的重要途径，并作为生产制作、施工安装的重要依据。相对于传统二维设计的分散性，三维设计强调的是数据的统一性、协同性和完整性，整个设计过程是基于同一模型进行的。模型出图应用突出的是基于 BIM 的二维图纸表达，同时要符合国家现有的二维制图强制性标准或 BIM 出图标准。为了保证专业图纸的准确性和统一性，模型出图操作流程如图 4.4-8 所示。

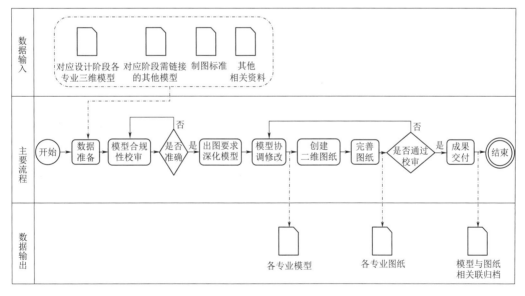

图 4.4-8 模型出图操作流程

1. 数据准备

（1）对应设计阶段各专业三维模型。①对于 BIM 起始阶段项目，本条对应本阶段新建三维模型；②对于 BIM 延续阶段项目，本条对应上阶段已归档三维模型成果。

（2）对应阶段需链接的其他模型。为全面表达设计者的设计意图，展现各专业三维模型之间的相对位置关系，在各专业进行模型出图时还应链接所需配合专业本阶段的三维模型。

（3）制图标准。在企业级制图标准框架下，应根据不同专业特色，针对性地制定不同的制图标准。制图标准以图纸模板形式进行应用，这是模型出图的基础。

（4）其他相关资料。本条指 BIM 设计所需非模型类其他数据、文本、图表资料等。

2. 应用流程

自模型出图工作开始，数据准备工作变为首要任务，是阶段性 BIM 设计的基础。整理完成各类输入数据后才可进行后续工作。

模型数据的合规性校核是针对命名规则、编码信息、版本管理等模型基础信息进行初步甄别模型规范性的步骤。

在通过上述步骤后，应对模型进行阶段性深化、修改，创建二维图纸，完善图纸并进行校审。在此过程中，模型深化和修改主要针对阶段性模型细节及设计修改。创建二维图纸及完善图纸应满足规范要求，设计表达清晰、便于指导施工。

在校审完成通过后，模型出图应用流程已进入尾声，在成果交付完成后便结束本阶段工作。

3. 成果表达

模型出图流程中，成果表达主要分为中间过程成果和最终存档成果。其中，中间过程成果代表提供校审的模型和图纸数据，在经历模型修改、完善图纸和校审的流程前，应在项目管理软件中妥善创建不同版本数据信息，以便于设计流程的追溯。而最终通过校审的模型和图纸数据则为最终数据成果，进行模型和图纸相关联归档处理。

在实际工程实践中，模型及图纸发布后，发生变更时应及时修改相应的模型，生成变更图纸并对最终变更成果进行归档处理。

4.4.2.7　工程算量

工程算量对工程设计十分重要，一方面直接关系到投资的经济性，另一方面也决定了方案的设计走向。利用各专业模型，精确统计各专业模型的工程量，以辅助进行技术指标测算。在模型修改过程中，发挥关联修改作用，实现精确快速统计，可直接从模型中提取土石方、混凝土、钢筋、金属结构、机电设备、管线等工程量信息，成果为工程量清单。利用项目工程信息模型可进行工程量计算，操作流程如图 4.4-9 所示。

1. 数据准备

（1）各阶段设计模型。各阶段根据设计深度，建立 BIM 模型，获取完整的 BIM 模型用于工程量计算。

（2）工程量计算依据。根据各个阶段的设计模型，依据工程量计算规范，确定每种工程的计量单位和计算方式。

（3）工程量计算范围和要求。根据开挖回填设计要求，建筑物材质、部位、施工工序以及施工工艺和设备布置确定模型的分块计算范围划分和要求。

（4）其他相关资料。工程量计算所需的其他相关资料。

（5）优化方案。设计过程中进行方案比选，优化设计方案，重构算量模型。

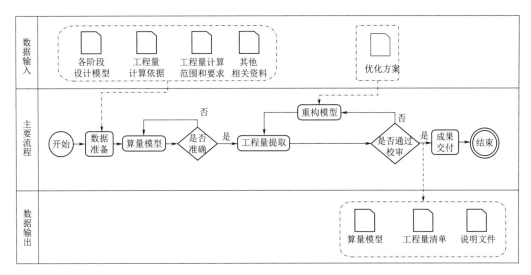

图 4.4-9　工程算量操作流程

2. 应用流程

(1) 数据准备。收集数据，内容包括但不限于各专业设计模型，构件属性参数信息文件、资料。

(2) 算量模型。将各阶段设计模型根据工程量计算依据、计算范围和要求，进行合理地切分、整合和分类。

(3) 工程量提取。根据各个阶段的算量模型，在软件中提取各个分块模型的个数、长度、面积和体积，从而得到工程量。

(4) 校审程序及优化方案。通过校审程序，确定工程量计算的准确性。

3. 成果表达

输出工程量清单，列出各项工程项目名称、单位和数量。

4.4.2.8　施工组织设计

利用项目工程信息模型可进行施工组织模拟及方案优化，操作流程如图 4.4-10 所示。

1. 数据准备

施工组织设计的输入数据主要包括 BIM 应用集成平台可以接受的模型文件、相应设计阶段的施工组织设计报告、施工进度横道图、场地布置限制条件（若有）、资源配置限制条件（若有）、设计优化指导文件等。

2. 应用流程

将 BIM 设计软件中创建的模型导入到集成平台软件中，关联施工组织设计信息与三维模型，如有必要，可以根据施工组织要求深化设计模型，通过集成平台软件的相应功能进行施工组织模拟。

3. 成果表达

输出成果主要包括施工进度模拟动画、施工工艺模拟动画、三维施工场地布置等。

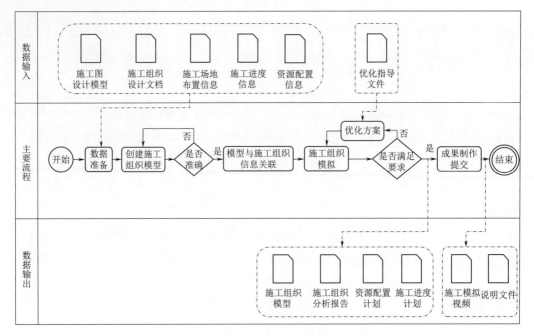

图 4.4 - 10   施工组织模拟操作流程

4.4.3   建造阶段操作流程

　　水利工程作为基础设施工程领域的重要分支，具有地形地质条件复杂、涉及专业众多、建筑物类型多样、施工工期较长、投资较大等特点，传统的管理手段使得工程项目各阶段所产生的数据无法有机、高效地共享融合，离散的阶段信息数据极大地降低了信息传递的高效性、数据分析的精准性、智能管理的扩展性，项目参建方之间缺乏一个工程全阶段可溯的数据管理平台，导致项目施工管理过程中仍需经过大量的人工筛查处理，竣工交付所得项目数据的完整性、可用性也得不到有效保障，最终造成信息资产的流失和工程建设全生命周期管理的低效，制约了工程建设进度以及工程质量。

　　利用 BIM 技术手段来改进水利工程勘察、设计、建造和管理的做法，受到行业的普遍认可。BIM 是建筑全生命周期各阶段信息传递的过程，具有可视化、协调性、模拟性、优化性、可出图性等特征。在建造阶段应用 BIM 技术过程是一个项目信息化的过程，是整个工程建造阶段，应用数字化、信息化来提高整个项目质量的过程。BIM 技术一方面解决了"信息孤岛"的问题，另一方面为项目设计深化、预制加工、安装等主要环节提供了支撑。

　　基于 BIM 的项目信息管理平台是一个重要的技术延伸方向，即以 BIM 模型为载体，通过项目信息管理平台集成项目全生命周期内的各类相关信息，使建设、设计、施工、监理等各方人员在三维可视化环境中进行协同工作，梳理、整合项目管理过程中的进度、质量、安全、费用等各项流程，有效提升项目信息传递效率、降低数据利用损失，有效提高沟通效率、缩短决策过程，有助于实现项目的精细化管理，实现数据的整合及传递，实现信息共享和管理协同，促进项目管理模式转型升级。

4.4.3.1 施工场地布置

BIM 技术能够将施工场内的平面元素立体化直观化，帮助施工人员更直观地进行各阶段场地的布置策划，综合考虑各阶段的场地转换及布置，并结合绿色施工理念优化场地，避免重复布置。

通过场地分析，对景观规划、环境现状、施工配套及建成后的交通流量等各影响因素进行评价及分析；利用三维地形，对场地及拟建的构筑物空间数据进行建模，评估规划阶段场地的使用条件和特点，最终做出该项目最理想的场地规划、交通流线组织关系、建筑布局等关键决策，基于 BIM 技术的数字化施工场地布置如图 4.4 - 11 所示。

图 4.4 - 11　数字化施工场地布置

1. BIM 技术在场地布置中的应用优点

相比于传统平面场地布置，BIM 技术在场地布置中的应用有下列优点：

（1）与传统依靠 CAD 平面图进行临建、道路、场地布置相比较，应用 BIM 技术能够充分发挥 BIM 三维模型在可视化方面的能力，将设计方案前置，准确得到道路相关位置、设备进场摆放位置、施工设备安装位置等信息，从而更便于实现对施工设备的准确布置。

（2）运用三维漫游软件，精确地模拟施工现场设备运行过程中对现场施工道路及规划的要求，同时模拟塔臂旋转路径及相邻作业设备的作业范围，从而为现场施工以及现场塔吊的安装提供基础数据，避免错误。

（3）与传统施工场地布置相比，采用 BIM 进行场地布置，操作简单方便，不需要现场人工、机械等的配合且不需要消耗任何材料进行实验，其施工成本低、效率高。

2. 施工场地布置操作流程

施工场地布置操作流程如图 4.4 - 12 所示。

（1）数据准备。

根据现场平面布置需要，完善预制构件厂、材料堆场、临时道路、安全文明设施、环水保等常用的施工设备及施工现场临时设施模型。

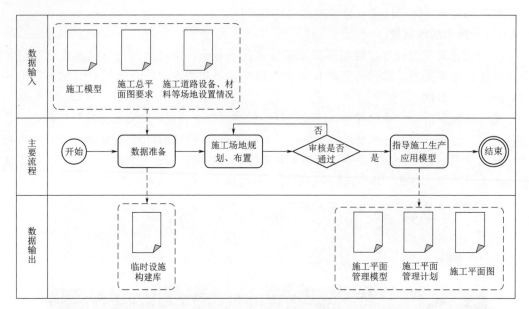

图 4.4 - 12　施工场地布置操作流程

（2）应用流程。

1）收集数据，规划文件、地勘报告、GIS 数据、电子地图等。

2）根据已完成的结构和建筑模型，绘制地坪模型，放置临时设施。

3）平面布置计划。统计工程项目的钢筋用量、混凝土量、钢结构构件数量，考虑大宗物资、大型机械设备等的平面占用或运输路线需求，编制现场施工材料堆场和运输道路的初步计划。

4）施工临时道路设计。建立道路模型，对临时道路的转弯角度、坡度、整体路线等进行计划分析与设计。

5）快速比对已计划的方案模型，选定较合理的施工平面布置方案。

6）出图并统计。根据施工总平面布置模型输出平面图，图中显示各临设的主要位置和尺寸参数。

（3）成果表达。

1）建立临时设施模型库。包括详细布置围墙、大门、办公室、生活宿舍、材料堆场、材料加工场、塔吊、电梯、待建建筑、场地周边建筑、道路等相关临时设施模型。

2）生成施工总平面布置 BIM 模型。模型可实现动画展示或虚拟现实场景，动态模拟施工过程中的场地地形、周边环境、临时设施等。

3）生成场地总平面布置图。

4）施工总平面管理计划方案。计划方案满足经济技术分析、性能分析、安全及环水保评估等需求。

4.4.3.2　施工方案模拟

水利工程受到地质条件的影响和施工区域的划分限制，一大部分的施工方式在地下，与露天作业有很大差别。因而，制定一个经济、合理的施工进度计划变得尤为重要，它直接影响到施工目标是否能够实现，投资是否能得到回报。目前施工中普遍使用横道图和网络图，传统的网络计划图能起到一定程度的优化作用，但是由于其缺乏横向的韧性，导致进度计划的优化仅仅停留在局部，无法连接整体，统筹规划，这就导致实际施工中问题不断、优化不彻底，项目施工变得非常被动。

利用 BIM 技术，以 BIM 模型为基础，并通过专业软件可以更便捷的操作，进行施工模拟，可以在工程建造前期提前把项目虚拟建造一遍，通过模型可以快捷地进行施工进度模拟和资源优化，通过 BIM4D 模型的可视化特性准确、科学地安排施工进度。综上所述，通过合理的设置，提早发现工程中的问题，并结合施工方案优化、完善措施、事前控制以减少工程上不合理安排造成的窝工、返工等现象，使工序衔接更合理。

三维模型最大的特点是"可视化"，可使复杂的施工方案变得更加直观、易于理解，将各专业模型、设施制作成 BIM 模型，同时加入施工计划，也就是将模型关联进度时间，形成 BIM4D 模型，并根据实际计划进行 4D 模拟。施工方案的模拟，通过分析优化，一定程度上避免了材料的过度浪费，在保证施工进度的前提下，进一步优化劳动力和机械的使用效率。数字化施工方案模拟如图 4.4-13 所示。

图 4.4-13　数字化施工方案模拟

随着科学技术的进步、新技术新工艺的应用、安装经验的积累和大型设备安装的需要，水利工程中的机电工程采用多台设备平行安装、交叉作业、综合平衡的施工方法，安装速度得到了飞速的提高，这同样也暴露了一个问题，在水利工程施工过程中，土木建筑及机电安装施工环节中存在各种矛盾，例如，在对主机进行安装调试的时候，需要在一个相对安静的环境下进行，然而在平时的施工过程中很难做到，所以如何做好各环节的衔接作业显得尤为重要。

BIM 技术能够直观地反映各专业的实际情况，并且将方案前置，提前进行施工的模拟和资源调配的模拟，根据各专业的施工需求和施工特点进行相应的优化，再结合共有资源和私有资源的有效统一配合，保障各方按时施工，避免各项目参与方交叉作业时互相干扰，保证安全作业，同时又可以找到共同点以达到平行施工的要求，形成更为科学、合理的施工方案。

施工方案模拟操作流程如图 4.4-14 所示。

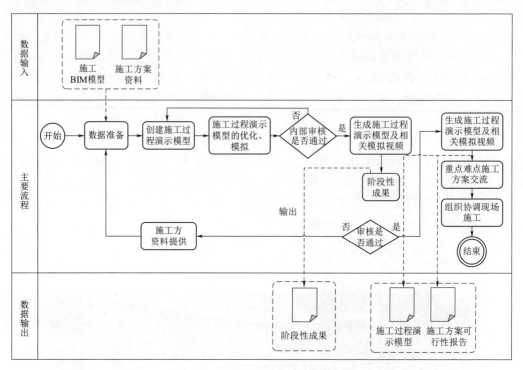

图 4.4-14 施工方案模拟操作流程

（1）数据准备。

1）施工 BIM 模型。

2）收集施工相关材料。一般包括：工程项目设计施工图纸、工程项目的施工进度和要求、可调配的施工资源概况（如人员、材料和机械设备）、施工现场的自然条件和技术经济资料等。

（2）应用流程。

1）收集数据，并保证数据的准确性。

2）根据施工方案的文件和资料，创建施工过程演示模型。该演示模型应表示工程实体和现场施工环境、施工机械的运行方式、施工方法和顺序、所需临时及永久设施安装的位置等内容。

3）针对局部复杂的施工区域，进行重难点施工方案模拟，结合工程项目的施工工艺流程，对施工过程演示模型进行施工优化、模拟，选择最优施工方案，生成模拟演示视频。

4）创建优化后的最终版施工过程演示模型，生成模拟演示动画视频，编制施工方案可行性报告，提交给施工监理单位审核。

（3）成果表达。

1）施工过程演示模型。模型应表示施工过程中的活动顺序、相互关系及影响、施工资源、措施等施工管理信息。

2）施工过程演示动画视频。动画应当能清晰表达施工方案的模拟。

3）施工方案可行性报告。报告应通过三维建筑信息模型论证施工方案的可行性，并记录不可行施工方案的缺陷与问题。

4.4.3.3　BIM 技术在施工管理中的应用

随着我国基础设施行业的长期发展，巨大的市场和行业给企业带来机遇的同时，也要求企业必须不断地提高自身的竞争力，信息化的发展让行业发生变革，BIM 和计算机互联网技术成为有力的变革工具。

在工程建设过程中，信息传递的丢失和不流畅是造成工程项目管理效率低下的主要原因，信息链的断裂以及管理方式的不配套，也给工程整体埋下很多隐患。BIM 技术的不断发展，改变了传统的沟通方式，让信息流通变得更有价值；BIM 技术在解决施工管理问题中具有可视化、协调性、模拟性、优化性、关联性的特点。

运用 BIM 建模软件建立的模型是基础数据，它为项目全生命周期服务，为参与建设各方提供信息化交流平台，为实现建设对象可视化、施工进度控制动态化、信息数据采集智能化提供技术支持。

BIM 技术的应用更类似一个管理过程，同时，它与以往的工程项目管理过程不同，它的应用范围涉及业主方、设计院、咨询单位、施工单位、监理单位、供应商等多方的协同；而且，各个参建方对于 BIM 模型具有不同的需求、管理、使用、控制、协同的方式和方法。在项目运行过程中需要以 BIM 模型为中心，使各参建方能够在模型、资料、管理、运行上协同工作。

为了满足协同建设的需求、提高工作效率，需要建立统一的集成信息平台。通过统一的信息平台，使各参建方或业主方的各个建设部门间的数据交互直接通过系统进行，减少沟通时间和环节，解决各个参建方之间的信息传递与数据共享问题；实现系统集中部署、数据集中管理；能够进行海量数据的获取、归纳与分析，协助项目管理决策；形成沟通项目成员协同作业的平台，使各参建方能够进行沟通、决策、审批、项目跟踪、通信等。

1. 质量管理

施工质量对于工程项目整体控制起到根本作用，虽然我国工程项目施工质量随着各种理论知识和技术的发展而有所提升，但是本质上还是有一些弊病的。

在各项工程施工过程中，由于人员素质等因素，存在技术人员对图纸的理解有偏差，经验不足等问题，未按照原有设计意图进行施工，是影响工程质量的重要因素，同时工程施工的不可预知性决定了实际施工中基本不可能存在推倒重建的现象，仅仅凭借自己的经验和想象力去把控施工，其结果是显而易见。

施工过程是一个复杂的过程，其间常会出现多专业、多种机械、多种材料等同时进行作业的情况，各项目参与方在工作和资源上如果协调不当，发生冲突，就会影响整个施工进度和质量。

基于 BIM 技术"所见即所得"的特点，让一切操作在三维可视化的环境下完成，以往施工人员在结合图纸和个人想象能力以及施工经验来构思建筑物的形态模式将会被打破，三维状态下，各个构件变得更加直观，各方通过可视化的报告进行可视化的交流、沟通和决策。通过将施工方案进行虚拟建造和施工模拟,有效地避免了施工误区,将设计前置,通过三维状态下,更加有利于构件的展现。

各方以 BIM 数据为中心,有效控制了工程质量,将采集的工程质量管理相关数据集成在质量管理 BIM 模型上。对质量结果进行实时展示,并根据现场质量管理需要,进行数据的统计、分析及管理应用,最终实现对现场质量管理的辅助决策作用。基于 BIM 技术的施工质量管理如图 4.4 – 15 所示。

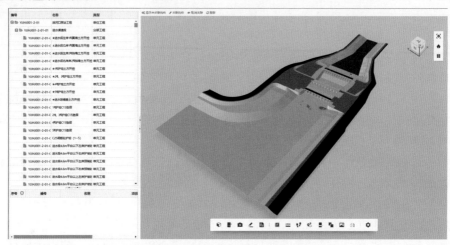

图 4.4 – 15　基于 BIM 技术的施工质量管理

施工质量管理操作流程如图 4.4 – 16 所示。

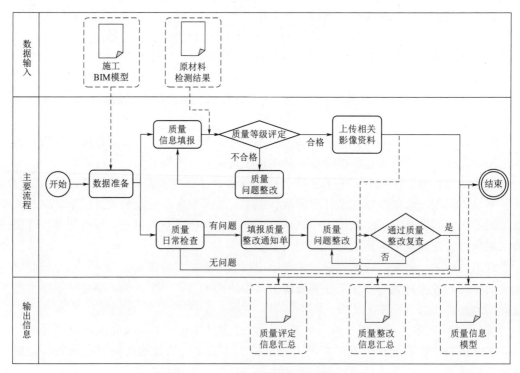

图 4.4 – 16　施工质量管理操作流程

（1）数据准备。

1）施工 BIM 模型。

2）收集施工质量管理相关材料。如施工质量方案、质量验收标准、工艺标准等。

（2）应用流程。

1）收集数据，保证数据的准确性。

2）基于施工 BIM 模型，通过移动 App 实现现场质量信息和质量等级在线填报与评定，在线上传验收现场工程影像资料，并与模型相应工程部位关联。

3）基于施工 BIM 模型，通过移动 App 实现现场质量日常巡查问题记录、问题整改、问题复查全流程的闭环管理，并与模型相应工程部位关联。

4）累计在模型中的质量问题，经汇总收集后，总结对类似问题的预判和处理经验，形成施工安全分析报告及解决方案，为工程项目的事前、事中、事后控制提供依据。

5）基于施工 BIM 模型，按原材料使用工程部位关联相应批次原材料的检验结果，形成关联原材料使用定位信息的 BIM 模型。

6）利用数字门户三维可视化功能准确、清晰地展示全线工程质量情况。

（3）成果表达。

1）关联质量验收信息的 BIM 模型。

2）关联质量问题整改信息的 BIM 模型。

3）关联原材料使用定位信息的 BIM 模型。

4）展现全线工程质量情况的数字门户。

2. 进度管理

对于工程而言，进度管理是重中之重，这关系到整个工程的整体控制目标、时间、成本、资金等，甚至是法律上的违约赔偿；传统进度管理对于复杂项目不能完全满足要求，BIM 技术的出现让项目变得更加直观，三维模型可视化对施工进度模拟，以及大量的任务交叉并行，起到了指导作用，根据合理的调整，保证进度合理进行。

传统模式下的施工进度管理常受到自然环境、客观环境和主观环境的影响，导致施工过程中断或阻碍；但在实际施工过程中，通过 BIM 模型和 BIM5D 软件的协助进行施工进度管理，不仅可以提前了解下一步所需资源需求、设备需求和资金需求的时间表，而且也可以在实际施工过程中及时监视完成计划进度的百分比、实际使用的资金量累计和预算资金偏离量等。

基于 BIM 的进度管理首先将 BIM 模型和施工进度相对应，对编制的施工进度进行模拟，分析项目分配、交叉以及工序搭配的合理性并进行验证，通过模拟，可以更加方便地对施工环节进行跟踪，实现对工程施工的实时控制与优化，为施工方案制定与决策提供技术支撑。基于 BIM 技术的施工进度管理如图 4.4-17 所示。

施工进度管理操作流程如图 4.4-18 所示。

（1）数据准备。

1）施工 BIM 模型。

2）收集施工进度管理相关材料。如进度计划编制及人工、材料、机械等相关施工资源配置等。

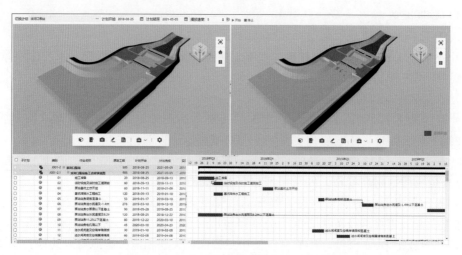

图 4.4-17 基于 BIM 技术的施工进度管理

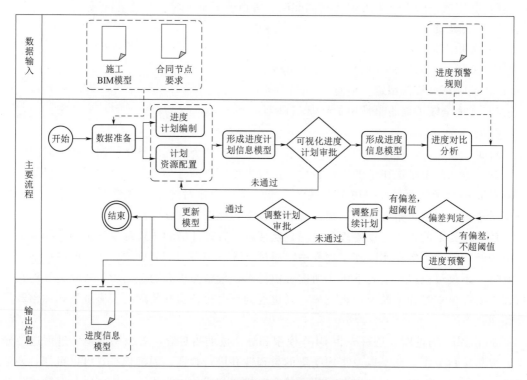

图 4.4-18 施工进度管理操作流程

（2）应用流程。

1）收集数据，保证数据的准确性。

2）根据施工方案、施工流程、逻辑关系及 BIM 模型组织，制定初步施工进度计划。

3）基于施工 BIM 模型，将进度计划 BIM 模型挂接，与模型相应工程部位关联，形成关联计划进度信息的 BIM 模型。

4）通过可视化技术进行施工进度模拟，检查施工进度计划是否满足约束条件、是否达到最优状况。若不满足，则需要进行优化和调整，优化后的计划可作为正式施工进度计划。

5）基于施工 BIM 模型，在线填报实际进度和配置资源，并与模型相应工程部位关联，形成关联实际进度信息的 BIM 模型。

6）基于关联计划进度信息和实际进度信息的 BIM 模型，进行进度时差对比分析，并根据设定的预警规则，发布进度预警信息，调整后续进度计划。

7）基于关联计划进度信息和实际进度信息的 BIM 模型对关键节点及关键线路进度跟踪，实时展现项目关键线路和关键节点计划进度信息、实际进度信息和偏差信息，结合关联的施工配置资源信息进行分析，对关键节点的滞后风险进行预判预警。

8）利用数字门户三维可视化功能准确、清晰地展示全线工程进度情况。

（3）成果表达。

1）关联计划进度信息的 BIM 模型。

2）关联实际进度信息的 BIM 模型。

3）基于 BIM 模型的实际进度与计划进度可视化对比分析。

4）展现全线工程进度情况的数字门户。

3. 安全管理

水利工程的施工安全，主要是通过事故预防以及对危险源的提前辨识和监控，虽然传统的施工流程有着严格的规定，实施过程也有安全检查，但事故仍然在不断的发生，很多调查表明，项目的全生命周期都应该关注施工安全，并贯穿于项目的每一个环节。

水利工程施工过程监控中，对于危险源判定是基于标准化的表格来进行的，并且有大量安全规则标准（如高边坡施工过程、高处作业、边缘护栏高度以及边缘距离等）。在得到上述数据后，可以依靠 BIM 技术和软件将其固化到施工模型中，对模型进行检查。检查方法分为两种，一种是通过计算机自动检查模型，同时也可以制定更加复杂的算法，进行更精细的核查，并根据结果进行方案调整；另一种方法是通过可视化模型进行核查，各方通过施工模拟及相应实验，消除潜在的隐患。

在安全交底时，提前进行危险预防，以改变传统方式中安全负责人对现场工作人员耳提面命的情形。传统的口头描述的效果因受限于工人的接受程度，其效果较差，结合 BIM 技术将施工现场容易发生危险的地方进行三维表达，提前模拟危险工序，并告知人员施工中要注意的问题，能有效地提高安全工作；结合物联网技术，可实现数字化监控，随着项目的发展可实现自动监控危险源并进行判断，同时提供基础数据。基于 BIM 技术的施工安全管理如图 4.4-19 所示。

利用 BIM 技术和室内定位技术，建立施工人员安全控制系统；利用 BIM 技术和三维可视化技术，通过虚拟安全管理区域，建立作业人员在隧洞中的实时位置定位和应急呼叫系统，实现危险源与隐患点的危险分析，并根据采集的信息制定可视化预案，用于施工安全交底。

项目建造中，将 BIM 技术和变形监测、位移监测技术相结合，对重要的安全监测点数据进行对接，从而进行可视化的查询和分析，这将是未来发展的必然需要。

图 4.4-19 基于 BIM 技术的施工安全管理

施工安全管理操作流程如图 4.4-20 所示。

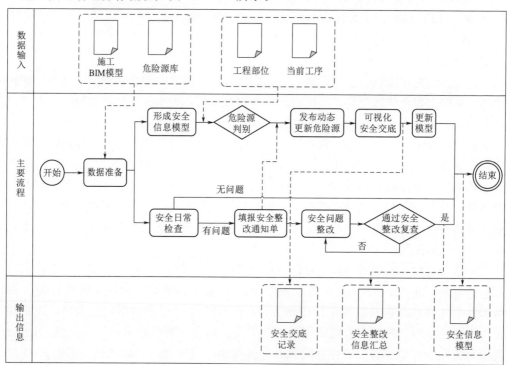

图 4.4-20 施工安全管理操作流程

（1）数据准备。

1）施工 BIM 模型。

2）收集施工安全管理相关材料。如项目危险源清单、典型危险源信息库等。

（2）应用流程。

1）收集数据，保证数据的准确性。

2）建立危险源防护设施模型和典型危险源信息库。

3）基于施工 BIM 模型，关联工程危险源信息库，按照工程部位、工序进展动态发布危险源类别、危险等级、危险点位置及应急处置预案，形成关联危险源信息的 BIM 模型，实现危险源的动态管理。

4）利用 BIM 模型的可视化功能准确、清晰地向施工人员展示及传递设计意图，帮助施工人员理解、熟悉施工工艺和流程，实现可视化交底，提高施工项目安全管理效率。

5）基于施工 BIM 模型，通过移动 App 和 PC 端，实现现场安全隐患点的巡检记录、检查、整改、复查闭环管理，并与模型相应工程部位关联，形成关联现场安全隐患整改信息的 BIM 模型。

6）利用数字门户的三维可视化功能准确、清晰地展示全线工程安全情况。

（3）成果表达。

1）关联危险源信息的 BIM 模型。

2）关联现场安全隐患整改信息的 BIM 模型。

3）基于 BIM 模型的可视化安全交底。

4）展现全线工程安全情况的数字门户。

4.4.3.4 基于 BIM 模型的数字化移交

水利工程设计过程，是一个多专业协同的过程，一般涉及地质、厂房、坝工、金属结构、机电等众多专业，其多样性决定了产品的复杂性。目前，水利工程成果的交付，仍以二维产品为主，二维产品的局限性影响产品的交付质量，并且也不利于沟通和协同。

通过 BIM 技术可打破传统二维产品本身的局限性。原有二维成果的交付，局限于二维的线条，其本身就与实际成果有着较大的差异。运用 BIM 技术，可以通过三维模型表达实际成果，更加直观地反映多角度视图，使其更符合实际情况。

传统的成果交付的信息集成程度不高，并且信息多为分散状态，分散在各个图纸和报告中，尽管传统的文档归档使用编码分类管理，但是巨大的文档量仍然要依靠人工去进行管理和查找，费时又费力，并且成果都是静态的。数字化移交的突出特点就是为项目全生命周期服务，从设计、施工到运维各个阶段的全过程资料，包括项目结构、机电等专业的三维模型，以及基于三维几何信息的材料、技术、质量、安全、耗材、成本等属性信息。特别对于施工中难以记录的隐蔽工程资料也能被清晰完整的记录，因为这些资料都随着 BIM 平台的建立，关联到相应的模型构件上，根据参与方的不断增加，完成数字化交付。图 4.4-21 为基于数字化移交的平台成果，该成果将传统的二维图纸和资料结合到平台中，实现有效的管理。

此外，传统交付多为文印输出，其交付成果数量巨大，加之项目执行过程中的变更，一个工程下来可能需要数万张图纸，所耗成本巨大，且效率低；同时，文档的印刷过程中也容易造成信息的泄露，为信息安全带来巨大隐患。数字化移交通过集成化平台实现交付，因而具有很大的优势。

数字化交付是区别于传统工程（以纸质为主题）的交付方式，通过数字化集成平台，将设计、施工等阶段产生的数据、资料、模型以标准数据格式提交给业主。在数字交付过程中，数据的来源需要进行监督，各方在数据录入时需要有标准去限定，竣工模型的创建

图 4.4-21　基于 BIM 技术的数字化移交

需要符合相关标准，数字化交付平台也需要注意模型的交互、信息挂接以及数据文档电子化的可追溯性和可控性。

数字化交付操作流程如图 4.4-22 所示。

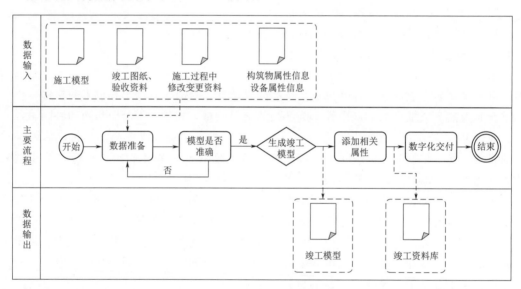

图 4.4-22　数字化交付操作流程

（1）数据准备。

1）施工 BIM 模型。

2）收集材料、技术、质量、安全、耗材、成本、隐蔽工程资料等信息，以及构件与设备信息。

（2）应用流程。

1）收集数据，保证数据的准确性。

2）建立与工程实体相一致的 BIM 模型。

3）基于施工 BIM 模型，关联施工图纸、竣工验收资料等。

4）基于施工 BIM 模型，关联构筑物信息、设施设备信息等。

5）按照相关要求进行数字化交付。

（3）成果表达。

1）竣工模型。模型应准确表达构件的外表几何信息、材质信息、厂家信息以及实际安装的设备几何及属性信息等。

2）竣工资料库。可通过竣工验收模型输出，包含必要的竣工信息，可作为档案管理部门竣工资料的重要参考依据。

4.4.4 运行维护阶段操作流程

4.4.4.1 运行监视

运行监视的主要目的是对引水口流量、水位，引水发电洞进水塔闸门开度及开启速度、水轮机的转速、发电指标，以及环境要素等进行实时监控。操作流程如图4.4-23所示。

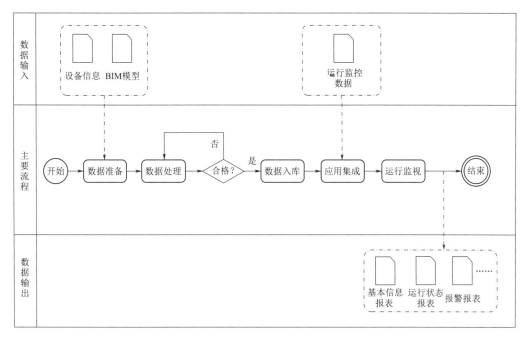

图4.4-23 运行监视操作流程

（1）数据准备。

1）资料。BIM模型或图纸，包括大坝设计参数（坝顶高程、坝高、特征水位）、使用说明书（机电、金结设备）等。

2）业务数据。需要现场工控系统与运管平台的数据通道，数据需求包括水位、流量资料，闸门开度，水轮机转速、发电指标等。

3）BIM模型。对于重要部位的精度应达到LOD4.0级别，模型构件需包含大坝、水轮机、闸门等。

（2）应用流程。

1）应用需求调研。通过调研，明确运行监视的具体需求，结合现场应用场景，对应用点进行梳理。

2）资料收集。收集工程基本信息，包括设备运行状态、设备说明书等，保证数据的准确性。

3）资料处理及建模。完成对资料的结构化处理、业务数据接口梳理、典型设备的BIM建模。

4）应用开发。完成具体的功能与界面设计，以及编码的实现。

（3）成果表达。

通过实时读取运行监视数据，对运行状态进行实时监控，通过BIM模型对运行监控状态进行实时显示；如果运行状态发生异常，同时在BIM模型中进行可视化的安全告警，显示告警发生的位置，以及对应设备的运行状态。

4.4.4.2 安全监测

安全监测的主要目的是通过接入的实时监测数据，查看每个监测设备的位置、读数，以及测值的近期变化趋势，可以对设备的工作状态进行汇总统计。当某个监测设备测值异常时，在BIM模型中进行预警，可对监测设备进行定位，为工程安全运行提供保障。安全监测操作流程如图4.4-24所示。

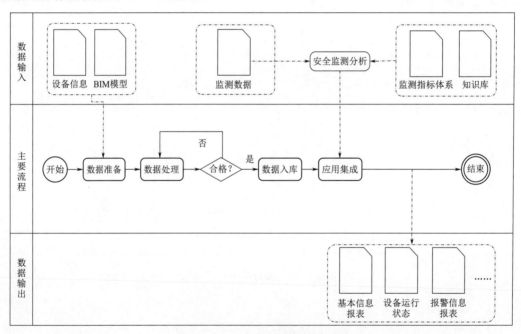

图4.4-24 安全监测操作流程

（1）数据准备。

1）资料。BIM模型或者图纸，包括大坝设计参数（坝顶高程、坝高，特征水位等）、监测设备使用说明书（测缝计、渗压计、温度计、位移计等）等。

2）业务数据。需要自动化现地控制单元与运管平台的数据通道，数据需求包括坝体的变形、渗流、应力应变、强震等指标，测缝计、强震仪、无应力计、位移计等监测设备的监测结果；如有在线监测预警需求，还需提供安全监测分析预警模型的支持。

3）BIM 模型。对监测设备进行建模，模型构件包含温度计、七向应变计、无应力计、强震仪等。

（2）应用流程。

1）资料搜集。收集工程建筑物、监测设备等基本信息，保证数据的准确性。

2）资料处理及建模。完成对资料的结构化处理、业务数据接口梳理、典型监测设备的 BIM 建模。

3）数据处理及入库。对模型数据、业务数据进行梳理、入库，实现运行期多源异构数据的汇集融合，根据源数据的数据规范、结构类型、交换协议、存储形式等，通过不同的数据处理组件，经过清洗、转换、去重、去噪、筛选等预处理后，将数据汇集到数据中心的数据仓库系统。

4）应用集成。在 BIM 平台中，载入 BIM 模型，通过接入监测数据、集成安全监测分析功能，可实时查看每个监测设备的模型信息、实时状态信息、监测数据等；结合 BIM 模型可实现监测仪器可视化管理、监测数据可视化表达、监测信息实时共享和即时发布，以及工程安全综合评价和预警管理等。

（3）成果表达。

通过接入实时监测数据，可实时查看每个监测设备的位置、监测测试，以及测值的近期变化趋势，可以对设备的工作状态进行汇总统计。当某个监测设备测值异常时，在 BIM 模型中进行闪烁告警，可对监测设备进行定位。

4.4.4.3　设备管理

设备管理的主要目的是以 BIM 模型为载体，对设备的系统、空间位置、分类、编码、全生命周期数据以及资料等进行管理。设备管理操作流程如图 4.4 - 25 所示。

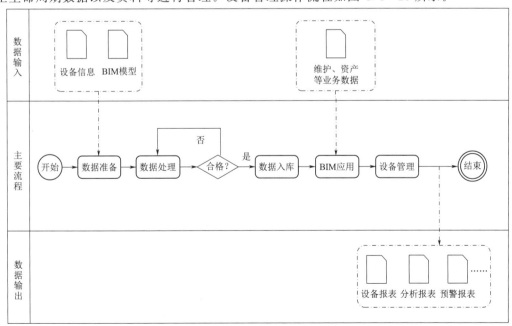

图 4.4 - 25　设备管理操作流程

（1）数据准备。

1）资料：①BIM模型或图纸，包括坝工以及枢纽设计图纸（包含机电、金结设备等）；②重要设备资料，重要设备包括水轮机、水泵、闸阀等重要设备，需要收集的资料内容包括厂家、采购日期、维修人员信息、维修记录、下一次维护时间等；③重要资产信息，包括重要资产，以及资产的采购日期、折旧方式等内容；④其他资料，包括采购安装资料（机电、金结设备）、使用说明书（机电、金结设备）。

2）业务数据。需要打通业务数据与运管平台的数据通道，数据需求包括重要仪器、仪表的工作状态，以及重要设备的运行状态。

3）BIM模型。对于重要部位的精度应达到 LOD4.0 级别，模型构件需包含水轮机、水泵、卷扬机、闸门等。

（2）应用流程。

1）应用需求调研。通过调研，明确设备管理的具体需求，结合现场应用场景，对应用点进行梳理。

2）资料收集。收集设备采购安装资料、数据，设计图纸，技改维修资料，工程基本信息，设备说明书等，保证数据的准确性。

3）资料处理及建模，完成对资料的结构化处理、业务数据接口梳理、典型设备的BIM建模。

4）应用开发。完成具体的功能与界面设计，以及编码的实现。

（3）成果表达。

能够实现对设备进行综合查询、故障登记、设备运行状态查看、计划性维护保养、及时性故障维修等内容。

第5章
实施保障

5.1 实施组织体系

BIM 技术的实施与推广是水利行业发展的一次新的变革，其必将引起企业人力资源、组织结构、业务流程等方面的变化。在 BIM 实施应用的过程中，各中小设计院既要依照企业的整体战略和规划、BIM 实施特点，循序渐进地推进，又要做好与传统设计的融合与衔接，才能保障企业在整体大局正常运转的情况下，将 BIM 技术平稳过渡融合，绝不可一蹴而就。

5.1.1 人员组织

中型设计院可以成立专业的 BIM 技术团队，可从生产部门抽调相关专业设计人员，成立一个新的 BIM 技术部门（数字工程设计部）；此外，由设计院决策层组成 BIM 领导小组，为 BIM 发展提供强有力的保障。BIM 人员组织架构如图 5.1-1 所示。

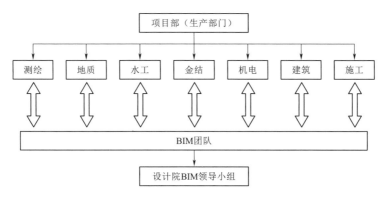

图 5.1-1　BIM 人员组织架构图

设计院 BIM 领导小组一般由院领导、总工、副总工组成，负责指导、审核、批准院 BIM 应用发展规划和阶段实施计划，协调 BIM 资源，督查落实年度计划编制、年度计划完成情况，审核、批准院 BIM 标准、规范、研究成果等，以及审核、批准院 BIM 相关重大决策等。

BIM 应用团队一般由设计院各个专业抽调的骨干设计人员组成，该团队成员不仅要精通于专业设计业务，还要对 BIM 有一定的兴趣和能力，能够通过技能培训，熟练掌握

BIM 相关操作。该团队由工程相关的主要专业构成，包括测绘、地质、水工、机电、金结、施工、建筑等；随着 BIM 应用的深入，逐步加入规划、移民、水保等专业。该团队的职责包括两方面的内容，一方面，安排 BIM 设计人员参与 BIM 工程项目，进行 BIM 应用的具体实施；另一方面，负责 BIM 实施的全面推进工作，包括制定 BIM 解决方案、标准规范编制、软硬件选型、人员培养、技术支持等。

该 BIM 应用团队一般要有部门主管、BIM 总工、BIM 工程师、BIM 数据管理工程师四类角色。

（1）部门主管：BIM 团队的管理者，主要负责组织和管理 BIM 团队，协调各部门的 BIM 资源，协调对外合作及外部咨询团队，确定 BIM 规划的实施、BIM 技术路线，保障技术环境支持。能力要求包括具有资深项目管理经验、对 BIM 有一定的认识、有很强的 BIM 推动执行力。

（2）BIM 总工：BIM 技术负责人，主要负责 BIM 项目综合评估，协调 BIM 技术资源投入，管理专业间协作，控制 BIM 实施计划与进度，审核 BIM 模型、文件，组织编制相关 BIM 标准规范等。能力要求包括有一定的项目管理经验；对 BIM 技术有深刻理解和掌握；有一定的 BIM 推动执行力。

（3）BIM 工程师：BIM 实施具体操作人员，主要负责根据专业要求完成 BIM 模型创建、检查、分析、专业协同、出图等工作，并协助编写操作指南、流程和标准。能力要求包括具有丰富的专业设计经验；精通多个建模软件；对 BIM 技术有深入的了解。

（4）BIM 数据管理工程师：负责协同平台的管理维护，BIM 模型、文件、资源库等的管理和维护，协助 BIM 模型检查。能力要求包括具有丰富的 IT 运维管理经验；了解多个建模软件；对 BIM 有一定的了解。

小型设计院可以根据自身人员及专业配备情况，考虑成立 BIM 技术小组，应尽量涵盖所有专业。

5.1.2　项目组织

项目 BIM 的实施，首先应对项目参与人员提供 BIM 技术培训和技术支持。然后进行项目策划，明确项目三维协同设计的时间节点要求和设计范围与深度，选择项目参加专业和明确参加人员角色的职责、工作内容和提资计划，对工程项目三维设计过程和成果进行进度与质量管理控制。

具体由项目负责人（通常为项目经理）负责组织各专业编写本项目的建模大纲，根据需要由分管总工提出项目实施指导书。建模大纲内容包括建模进度计划、组织接口和技术接口、模型等成果的评审。其中，组织接口包括：建模分工及责任；相互传递的形成文件的信息及进度；必要的联络安排及必要的会议文件。技术接口包括：各专业相关的施工图、模型等成果的交付期限。项目经理可依据业主的要求对 BIM 设计计划作出必要的调整、补充，并经原审批人批准后执行。

根据需要，采用会议、专家咨询等形式进行 BIM 成果的评审。通过对模型等的评审来判断阶段 BIM 成果能否满足业主要求，发现问题则采取措施予以解决。

建立多专业的协同会商制度，项目负责人总体负责项目各专业间的协调与沟通。在院内部处理好各专业的衔接问题，避免由于专业协调不理想而导致的"差、漏、碰、缺"问题。

为了从制度上保证项目的质量，在 BIM 设计全过程中落实质量考核制度，具体措施如下：

（1）建立以项目负责人、专业负责人为考核主体的项目评价机制。

（2）从项目中提取部分产值作为 BIM 设计进度质量考核奖，做到优者有奖劣者必罚。

（3）在项目组内部开展"争先创优立功竞赛活动"，评选出先进团队和个人并在全院范围内公示，以树立榜样作用，优胜者将在全院年度先进集体和先进个人评选活动中获得优先评选权。

（4）对模型定期抽查和考核，对 BIM 设计成果质量较差、进度较慢，或因自身原因受到业主投诉的个人，要给予一定的惩罚，严重者应及时进行岗位调换。

另外，在 BIM 设计项目中，在完成项目 BIM 设计工作的同时应不断建立完善企业 BIM 设计过程的管理程序，在项目 BIM 设计实施的流程、协同工作方法以及三维环境下的设计校审等方面对设计成果进行有效的控制，并将积累的模型库、二次开发等资源的管理纳入管理程序。

根据单位 BIM 团队成长经验，在经过 3～5 年时间后，BIM 团队可能会面临转型问题，由于抽调到 BIM 技术小组的成员一般是各专业的技术骨干，具有较强的专业技能，可将其转型为 BIM 技术管理人员、BIM 研发人员，或者将其调整为水利信息化方向，从事工程建设阶段、运维阶段的 BIM 应用的相关信息化工作。

5.2　质量管理与控制

BIM 模型质量管理与控制应具备完整的管理流程，即从 BIM 设计开始，参照相应的标准开展设计，保证设计成果的质量。BIM 模型的应用和交付，可使用中国水利水电勘察设计学会的团体标准；建模过程的质量管理与控制，企业可根据自身情况，建立《水利水电工程数字设计产品质量标准》进行控制。模型交付与应用的标准可采用《水利水电工程信息模型设计应用标准》（T/CWHIDA 0005—2019）和《水利水电工程设计信息模型交付标准》（T/CWHIDA 0006—2019）。BIM 模型质量管理与控制流程如图5.2-1所示。

5.2.1　BIM 建模等级与标准

工程建设项目是随着规划、设计、施工、运行、运维各个阶段逐步发展和完善的，BIM 模型中的构件元素表达虽然都有精确的数据，但在工程不同阶段，针对不同工程结构，根据不同地域与工程过程类别，将建立不同深度的 BIM 模型，以保证建模效率与模型读取访问速度。根据《水利水电工程设计信息模型交付标准》（T/CWHIDA 0006—2019），设计模型精细度基本等级划分为 LOD1.0～LOD4.0 四个细度等级。

模型深度要求通常结合 BIM 应用的阶段而定，项目建议书阶段模型精细度等级不低于 LOD1.0，可行性研究报告阶段模型精细度等级不低于 LOD2.0，初步设计阶段以及招

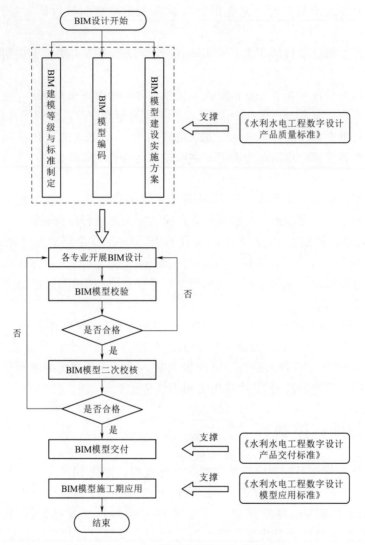

图 5.2-1 BIM 模型质量管理与控制流程

标设计阶段模型精细度等级不低于 LOD3.0，施工图设计阶段、竣工移交时的模型精细度等级不低于 LOD4.0。

5.2.2 BIM 交付物命名

BIM 交付物命名是模型后续有效应用的基础与核心。工程项目命名普遍按照项目编号、项目简称、工程编号的顺序依次描述，在单位工程［如市政工程（ME）、水利工程（HE）］、专业工程［如电气（E）、水工结构（HS）］的命名方面普遍按照英文单词首字母简写方式命名；在单元工程［如发电洞（Fa-D-D）］的命名中普遍按照部位/设备代码-系列号-流水号的中文缩写进行命名。具体可参照《水利水电工程设计信息模型交付标准》（T/CWHIDA 0006—2019）中 3.2 节的相关内容。

5.2.3 BIM 模型建设实施方案控制

BIM 模建设实施方案控制应考虑如下几方面的内容：

（1）模型完整性要求的符合度。指 BIM 交付物中所应包含的模型、构件等内容是否完整，BIM 模型所包含的内容及深度是否符合交付要求。

（2）建模规范性要求的符合度。指 BIM 交付物中是否符合建模规范，如 BIM 模型的建模方法是否合理，模型构件及参数间的关联性是否正确，模型构件间的空间关系是否正确，语义属性信息是否完整，交付格式及版本是否正确等。

（3）设计指标、规范的符合度。指 BIM 交付物中的具体设计内容，设计参数是否符合项目设计要求，是否符合国家和行业主管部门有关建筑设计的规范和条例，如 BIM 模型及构件的几何尺寸、空间位置、类型规格等是否符合合同及规范要求。

（4）模型协调性要求的符合度。指 BIM 交付物中模型及构件是否具有良好的协调关系，如专业内部及专业间模型是否存在直接的冲突，安全空间、操作空间是否合理等。

5.2.4 BIM 模型质量校核

模型建设完毕后，应由各专业部门的三维设计带头人、副总工等人依据企业制定的相关设计质量标准对所建模型进行一次与二次校核，并将校核结果反馈给专业设计人员进行校正，经过两轮校核且确认模型无误后，提交模型并开展后续工作。

5.2.5 BIM 模型交付

水利水电工程 BIM 成果可参照《水利水电工程设计信息模型交付标准》（T/CWHI-DA 0006—2019）执行。交付应从以下四个阶段进行控制：

（1）制定交付策略。交付策略是工程项目整体信息策略的一部分，所制定的交付策略应符合需求方的信息工作目标、方针和策略。

（2）确定交付需求。在识别需求的基础上，确定需要交付的数据、数据属性及数据格式等。

（3）制定交付方案。交付方案是工程项目整体信息方案的一部分，所制定的交付方案需要包含确认的交付需求和实施方法。

（4）实施交付方案。配备相应的资源，执行交付方案，包括检查、验收及评价等。

5.3 二次开发

BIM 软件的系列产品都提供 API（Application Programming Interface，应用程序接口），用户可以配置开发环境，通过调用平台 API 实现对平台的定制开发，同时需要安装与软件版本对应版本的 SDK。高级用户和第三方开发者能够通过 API 将他们的应用程序集成到平台系列产品中。通过二次开发可实现强大的扩展功能，为 BIM 推广应用提供技术上的保障。

中小设计院需要结合自身情况，决定是否进行自主二次开发。

鉴于大多数中小设计院的资源和能力比较有限，不建议中小设计院开展自主二次开发工作，可以通过联盟的共享机制，直接利用联盟单位的已有成果，或者将需求提交给联盟，联盟将根据征集的需求，协调有资源、有能力的单位进行开发。

5.4 资金保障

为确保水利水电中小设计院能够顺利开展 BIM 应用实施，需要对 BIM 投入必要的资金，为 BIM 推进提供强有力的资金保障。

5.4.1 资金保障内容

需要保障的内容包括计算机软硬件采购以及调研培训。

（1）计算机软硬件采购。由于 BIM 设计对计算机要求比较高，需要投入资金购买性能较高的计算机，并需引进 BIM 平台软件，同时为 BIM 应用提供资金支持。

（2）调研培训。为提升理论与实践水平，需要积极组织相关人员参加调研学习以及培训，通过学习先进单位的成功经验、案例，避免走弯路，该方法往往能够达到事半功倍的效果。

水利水电 BIM 联盟每年会组织水利水电勘察设计信息化研讨会，通过大会可以了解行业情况、联盟建设情况、水利信息化新技术应用情况，以及各单位的成功案例。另外，联盟会不定期举办 BIM 方面的技术培训。

5.4.2 资金保障措施

中小设计院在 BIM 实施的过程中，为了更好地进行应用及推广，企业应该预留 BIM 资金，并采取一定的资金保障措施，建立相应的激励机制和考核机制。对于 BIM 团队，参照行业做法，在成立初期应进行扶持，将本单位人均产值的 1.1～1.2 倍作为 BIM 团队成员的人均产值，提供收入保证。

（1）激励机制。在 BIM 实施的过程中，采用 BIM 设计的项目，根据三维建模精度、三维出图数量以及成果市场应用情况，以项目合同额为基础按一定比率确定产值划分，作为 BIM 运行资金保障。此外，BIM 设计人员参与 BIM 标准化建设，在引进软件的基础上进行软件二次开发，获得 BIM 设计软件等的认证证书时，给予相应激励。将 BIM 设计能力作为优秀项目经理（项目专业负责人）、先进个人等评优活动中优先推荐的条件之一。生产部门应结合实际情况，将员工 BIM 设计能力作为岗位等级评定、晋级的考核维度之一。

（2）考核机制。在 BIM 实施的过程中，除建立激励机制外，还需建立相应 BIM 考核机制，明确对项目部和生产部门的各项量化指标；根据量化指标，对奖励和惩罚措施制定具体的计算规则。公司编制《三维设计考核评价标准》，对年度内开展 BIM 设计工作进行专项考核。每个季度按考核标准，抽取各项指标汇总整理。各参与考核的项目部和专业生产部门，按指标进行排名，并将名次结果在院内公示。在年终结算时，公司将根据考核评分确定三维设计考核系数，该评分和系数将应用于部门年底考核分配。对三维设计成效显著的项目和专业生产部门将给予产值奖励，并对部门和个人予以表彰；对三维设计执行不力的项目、部门将扣罚产值，并对负责人进行问责，以保障 BIM 应用的各项工作有效推进。

5.5 建立 BIM 生态圈

水利水电工程 BIM 技术的推广与发展需要中小设计单位积极参与，但是由于中小设计单位存在自身能力不足、发展水平不均衡等问题，其 BIM 技术的发展往往达不到行业的期待与标准。因此，为帮助中小设计院发展与推广 BIM 技术，需要建立适合广大中小设计院 BIM 发展的良好生态圈，培育良好的环境，为广大中小院 BIM 发展提供强有力的支撑。

（1）建设 BIM 平台。BIM 技术的应用和 BIM 平台的建设是分不开的，不论是施工管理还是后期运维，都需要将 BIM 模型配合功能多样的 BIM 平台，才能满足信息化技术服务。但是，BIM 平台建设的费用往往是高昂的，需要大量的研发团队，而且通常一个项目可能需要多个 BIM 平台。因此，广大的中小设计单位即使有 BIM 平台的需求，往往也心有余而力不足，无法建设属于自己的平台。当前联盟的 BIM 平台，遇到升级、维护问题，功能无法满足建设管理的业务需要，建议及时对平台进行升级维护，或者由有研发能力的设计院牵头研发行业的 BIM 平台并进行维护升级。

（2）加强族库、二次开发成果等的共享。建议由水利水电 BIM 联盟统一向成员单位收集各种类型项目的参数化族库，经审核后放在联盟资源共享平台，供各单位有偿下载使用，避免各单位重复工作，浪费资源。大部分中小设计院不具备二次开发能力，且二次开发需要投入大量的人力、财力，投入产出比不高。建议水利水电 BIM 联盟统一向中小设计院征求二次开发需求，对于共性需求开发内容，可由联盟以课题形式发布，由具备研发能力的成员单位优先考虑，研发成果审核通过后放在联盟资源共享平台，供各单位有偿下载。

（3）帮助中小设计院企业编制标准。当前，水利水电行业已经开始逐步建立 BIM 行业标准，统一 BIM 建设标准，规范 BIM 发展。各中小设计单位也需要搭建适合于自身特点的企业级 BIM 标准，但是，因其往往不太具备标准编制的能力，摸不清标准编制的流程。因此，为了解决这个问题，建议水利水电 BIM 联盟牵头列举具有标准编制资历的设计单位名单，有标准编制需求的中小设计院可以与名单上的单位联系，支付其培训费用，由其指导编制自身的企业标准。这样，既可以满足各中小设计院 BIM 发展需求，又可以帮助培训单位实现盈利创收，一举两得。

（4）开展多层次的 BIM 比赛。目前，水利水电行业举办各式各样的 BIM 比赛，鼓励 BIM 技术的发展。BIM 比赛的开展，既可以为各参建单位提供荣誉激励，又为参建方提供了一个技术交流的平台，为 BIM 技术的发展提供强有力的推动作用。但是，当前 BIM 比赛的举办通常是所有设计单位一起参与，没有层次的区分，这就出现一个奇特的现象，

获奖的名单往往在几个大型设计院之间轮流交替。各中小设计院开始还动力十足地参与比赛，但由于自身技术确实无法和大型设计院相比，总是得不了奖，参赛次数多了，热情逐渐消退，也就放弃参赛了。因此，建议今后的 BIM 比赛可以实行分层次竞赛，设立多种奖项，让大型设计院之间竞比，中小设计院之间竞比。这样，对手之间旗鼓相当，不但能促进交流与发展，也能对广大的中小设计单位起到积极的鼓励作用。

第6章
典型应用案例

6.1 案例简介

根据中小设计院的业务范围，本章收集整理了 BIM 应用相关的基本案例，包括水闸、泵站、渠道等，可以为类似的工程应用提供参考，见表 6.1-1。随着技术水平的提高，BIM 可以横向扩展，参与到引调水、水利枢纽方面的设计与应用；纵向扩展可以参与到施工阶段、运维阶段的引导深入。最终，实现在水利水电全行业、全生命周期 BIM 应用的最终目标。

表 6.1-1　　　　　　　　　　案　例　简　介

案例	平台	应用阶段	简　　介
水利枢纽工程	欧特克	勘察设计阶段	以碾盘山水利枢纽工程为例，采用 Autodesk 系列软件，介绍了项目应用中的软硬件资源配置、人力资源配置、BIM 实施计划以及标准，结合项目建议书、可行性研究、初步设计、施工图设计阶段的具体应用，介绍了各专业的软件具体操作，包括航线设置、影像资料使用、地质模型创建、结构分析等，为 Autodesk 平台用户提供了较好的借鉴
水闸工程	欧特克	勘察设计阶段	以德阳市青衣江闸桥工程为例，采用 Autodesk 系列软件，介绍了技术路线、主要应用内容，以及对 BIM 应用成果及价值。案例中，各专业通过 Vault 协同平台进行协同设计，使用参数化模块进行建模，避免了设计的错、漏、碰、缺，通过可视化进行交底，为施工和运维阶段 BIM 的应用提供基础数据
泵站工程	欧特克	勘察设计阶段	以南水北调安阳市西部调水泵房为例，采用 Autodesk 系列软件，各专业建模通过 Revit 或 Inventor 软件设计，根据需要链接其他专业的成果，保持设计的一致性，在 Revit 中进行碰撞检测，将 BIM 三维模型数据导入 Lumion 软件，制作了三维动画，对设计方案进行展示
水环境治理工程	欧特克	勘察设计阶段	以绿水湾湿地公园项目为例，以 Autodesk 系列软件为主，采用 Civil3D、Revit、Inventor 进行建模，辅以 GIS、Midas、Mike21 和后期三维仿真软件，形成了完成的设计阶段应用体系，有效提高设计质量，并多视角、多维度对设计成果进行展现，为参建各方提供了一个快捷、高效的沟通平台
引调水工程	奔特力	建设阶段	以引江济淮工程为例，采用 Bentley 系列软件进行建模，主要应用于建设阶段，研发了基于 BIM＋GIS 的智慧化管理平台，对工程建设信息进行监管，并编制一套 BIM 和数字化实施的技术标准体系，建立了基于 BIM 和数字化技术的工程建设管控体系，最终形成"数字引江济淮"

续表

案例	平台	应用阶段	简　介
拱坝工程	达索	勘察设计阶段	以三河口水利枢纽项目为例,主要采用达索公司系列软件,各专业通过 VPM CATIA 系统进行在线协同,利用 CATIA 中的骨架理论来创建模型,通过参数化模板的批量实例化和标准件库的建立,有效提升了设计质量与效率,提供新的沟通手段促进决策,并对设计方案进行了优化
施工模拟	欧特克	建设阶段	以大藤峡水利枢纽工程为例,采用欧特克系列软件进行建模,主要应用于建设阶段,通过 BIM 管理平台,实现了采用一套模型、进行五个方面模拟,包含施工场地综合布置、施工进度模拟、施工工序模拟、施工工艺模拟、施工工法模拟。将截流施工过程中的各种不确定因素在可视化环境下统一,结合 BIM+GIS 平台化建设管理,为截流施工和决策提供保障
BIM 出图	欧特克	勘察设计阶段	以洪汝河治理工程为例,采用欧特克系列软件,针对结构型式相同、重复性工作量较大的建模的情况,使用 Inventor 软件强大的参数化功能,创建参数化三维模型库,可快速创建结构型式相同尺寸不同的三维模型。同时,结合 VisualFL 软件对其进行配筋,对同一类型的结构,使用模型替换功能,并根据结构受力分析情况调整配筋参数,设置好剖切规则后,可一键快速绘制钢筋图。该方法极大地节省了建模、结构及钢筋图的出图时间,将施工图绘制工作效率提升了 3~5 倍

6.2　水利枢纽工程案例

6.2.1　项目概况

碾盘山水利水电枢纽工程位于湖北省钟祥市境内,上距在建的雅口航运枢纽 58km、距丹江口水利枢纽坝址 261km,下距钟祥市区 10km。该工程是国务院批复的《长江流域综合规划》中推荐的汉江梯级开发方案中的重要组成部分,也是国务院确定的 172 项节水供水重大水利工程之一。坝址控制流域面积 14.03 万 km^2,工程多年平均天然径入库水量为 491 亿 m^3,平均流量为 $1550m^3/s$。工程的开发任务为以发电、航运为主,兼顾灌溉、供水,为南水北调中线引江济汉工程良性运行创造条件。

碾盘山水利水电枢纽为Ⅱ等大(2)型工程,航道标准为Ⅲ级,船闸设计标准 1000t级。枢纽从左至右依次布置左岸连接土坝、泄水闸、电站厂房、混凝土连接坝(含鱼道)、船闸及右岸混凝土连接坝,轴线总长 1200.0m。枢纽总库容 8.77 亿 m^3,装机容量 18 万 kW,正常蓄水位 50.72m,总工期 52 个月,总投资 66.36 亿元。

6.2.2　前期准备工作

6.2.2.1　软件资源配置

本案例以欧特克(Autodesk)AEC 工程系列三维设计软件为主平台(图 6.2-1),辅以地质专用、仿真分析、三维配筋、地理信息系统和可视化等方面的软件进行规划、设计和数据管理。

图 6.2-1 欧特克 AEC 工程系列软件

本案例以欧特克（Autodesk）AEC 工程系列三维设计软件为主平台，辅以地质专用、仿真分析、三维配筋、地理信息系统和可视化等方面的软件进行规划、设计和数据管理。三维设计软件简介见表 6.2-1。

表 6.2-1　　　　　　　　三 维 设 计 软 件 简 介

软件类别	软 件 名 称	版本	功 能 简 介
设计类	Revit	2020	建筑、水工结构、水力机械、电气
	Civil 3D	2020	场地开挖回填、土石方平衡、渠道设计
	Inventor	2020	水工结构、金属结构、水力机械
	Navisworks	2020	各类模型整合、专业内和专业间校审、4D 施工过程模拟
	Infraworks 360（AIW）	2020	配合 Civil 3D 场地规划、线路设计、大场景即时浏览等
地质专用	基于 Civil 3D 开发		根据测量数据创建原地形、导入钻孔数据、补充虚拟钻孔、构建地质曲面和地质体。可以导出到其他分析软件并满足出图要求
仿真分析	ANSYS		大型结构仿真分析软件，与 Inventor、Revit 无缝对接，即时分析结构设计的合理性并提出改进措施
三维配筋软件	独立平台开发		支持导入 sat、stp 等格式的模型文件，基于实体表面偏移配置水工结构三维钢筋，可自动导出二维钢筋图、标准尺寸、出钢筋表和材料用量表
地理信息软件	Skyline	7.0.1	整个项目设计成果导入 Skyline 虚拟展示环境、实现大数据管理和浏览；辅助项目建设数据管理；与外部信息管理系统接口，实现水位、流量、建筑物、设施设备属性等的实时查询

续表

软件类别	软 件 名 称	版本	功 能 简 介
其他类	环境分析		Civil 3D 设计模型可以导入其他专业软件进行洪水演进、水质分析；Revit 模型进行建筑节能和周围环境影响分析
可视化和效果	Lumion \ 3DS Max Design	8.0	借助显卡实时渲染技术、设计模型导入 Lumion 软件、添加场景设施，实现建筑和景观效果的实时呈现；更精细渲染可以导入 3DS Max Design

6.2.2.2　硬件资源配置

BIM 硬件采用个人计算机终端运算、服务器集中存储的 IT 基础架构。相对于传统 CAD 设计，BIM 设计对该架构的个人计算机终端及网络环境的硬件要求较高。

针对本项目 BIM 应用，建议置备的台式工作站、网络服务器硬件配置分别见表 6.2-2、表 6.2-3。

表 6.2-2　　　　　　　　　　台式工作站硬件配置

描述项	配　　置	描述项	配　　置
操作系统	Windows 7　64 位	显卡	Nvidia Quadro K2200（4 GB/Nvidia）
CPU	英特尔 Xeon（至强）E5－2609 v3 @ 1.90GHz 六核	硬盘	东芝 DT01ACA200（2 TB/7200r/min）
内存	32 GB（镁光 DDR4 2133MHz）	网卡	英特尔 Ethernet Connection I217－LM/戴尔

表 6.2-3　　　　　　　　　　网络服务器硬件配置

描述项	配　　置	描述项	配　　置
操作系统	Microsoft Windows Server 2012 R2 64 位	内存	64GB RAM
WEB 服务器	Microsoft Internet Imformation Server 7.0	硬盘	高速 RAID 磁盘阵列
CPU 类型	6 核，3.0GHz		

6.2.2.3　人力资源配置

BIM 人力资源配置主要对 BIM 设计项目的实施团队进行描述，根据项目的划分提供人员需求建议，包括人员的配置、组织架构、岗位职责等。

结合企业组织架构设置特点和所采取的 BIM 应用模式，组建的项目 BIM 设计团队，主要包括以下人员：

（1）BIM 项目经理。主要职责是以 BIM 项目为核心，对 BIM 设计项目进行综合评估，协调项目的 BIM 资源投入，对 BIM 项目实施进行总体规划，管理各专业间的 BIM 协作，掌控 BIM 项目实施计划和进度，审核项目的 BIM 交付，协助制定 BIM 应用相关标准等。

（2）BIM 专业负责人。配合项目经理协调本专业的进度计划和质量控制，组织协调人员进行各专业的 BIM 模型搭建、方案比选、分析应用等工作。

（3）BIM 设计人员。作为 BIM 设计工作的具体实施者，其工作内容包括建模、场地分析、仿真分析、工程算量、三维出图。BIM设计专业包含常规设计专业，按项目类别可配置：测绘BIM专业、地质BIM专业、水工BIM专业、机电BIM专业、金结BIM专业、建筑BIM专业。

（4）专项BIM人员。除上述常规BIM设计人员外，项目宜可按项目具体需求配备专项BIM人员，如BIM模型应用工程师，具体工作性质为对各专业工作成果进行辅助协调和整合，输出整体模型的后期成果并进行应用交底，根据专业创建BIM设计模型，辅助完成碰撞检测、专业间协调等BIM可持续性设计的工作；专项设计人员可由原设计组人员兼任，但宜对工作内容进行独立分配。

（5）BIM数据管理员。主要负责BIM资源库的管理和维护、BIM模型构建的质量检查及入库。

（6）BIM标准管理员。负责组织并协助BIM应用相关标准，此标准制定工作需要BIM标准管理员、BIM项目经理、各专业负责人、设计企业各专业总工和院总工，以及第三方BIM顾问咨询专家共同完成。

（7）BIM现场管理员。负责施工现场与BIM有关的数据分析、整理，并与施工管理系统对接，使用BIM技术辅助施工现场的进度、质量、安全、投资等方面的管理。

6.2.2.4 BIM实施计划

根据项目设计阶段和项目特点编写BIM实施计划，明确本项目在该设计阶段的BIM应用目标、BIM应用点（表6.2-4），以及成果提交时间节点。

表6.2-4 水利水电工程设计阶段模型应用内容

序号	应用项	应用子项	项目建议书	可行性研究	初步设计	招标设计	施工图设计
1	模型创建	地形模型	□	■	■	■	■
		地质模型	□	■	■	■	■
		水工模型	□	■	■	■	■
		建筑模型	□	■	■	■	■
		水机模型	—	—	□	□	■
		电气模型	—	—	□	□	■
		金属结构模型	—	□	□	■	■
		临时工程模型	—	—	■	■	□
		其他专业模型	—	□	■	■	■
2	场地分析	工程布置	□	■	■	■	■
		开挖设计	□	■	■	■	■
3	仿真分析	结构受力分析	—	□	■	■	■
		基础稳定分析	—	□	■	■	□
4	方案比选	设计方案比选及优化	□	■	■	□	□
5	可视化应用	虚拟仿真漫游	□	■	■	■	■
		可视化校审	□	■	■	■	■
		可视化设计交底	—	—	—	—	■

续表

序号	应用项	应用子项	项目建议书	可行性研究	初步设计	招标设计	施工图设计
6	碰撞检测	碰撞检测、空间分析	□	□	■	■	■
7	模型出图	设计表达（出图）	□	■	■	■	■
8	工程算量	工程量统计	□	■	■	■	■
9	施工组织设计	施工区布置					
		施工工艺模拟					
		施工进度模拟					

注　"■"表示适用；"□"表示可采用；"—"表示不适用。

BIM 实施计划中应确定组织角色和人员配备、BIM 应用流程设计（确定实施的 BIM 应用点）、信息交换需求的格式和模型信息需要达到的精细度。BIM 应用流程设计可参考本书 4.4 节编写，模型信息精度要求可参考《水利水电工程设计信息模型交付标准》（T/CWHIDA 0006—2019）确定，在各专业间的信息模型传递，考虑到模型的通用性，规定特定的上下序文件传递格式。

BIM 实施计划还需要描述项目团队协作的规程，主要包括模型管理规定（如模型命名规则、模型结构、坐标系统）、文件结构和操作权限等。

因 BIM 数据量庞大，需对各专业模型、成果进行分类组织与管理，使 BIM 模型方便存储和查找。项目中，不同角色人员应分别设置不同的文件权限，避免误改误删，定期进行数据备份，以保证数据安全。

6.2.2.5　项目级 BIM 标准

根据相关的 BIM 应用经验及本工程各设计阶段的 BIM 需求，并结合国内外先进的 BIM 应用理论成果和现有设计流程，制定了碾盘山水电站工程项目级 BIM 应用标准。该标准涵盖的内容有模型命名规定、模型拆分规定、项目文档管理规定、BIM 建模基本规定、各专业间的数据信息交换流程、模型质量检查要求、不同设计阶段的模型精度要求、交付成果及格式要求等。

水利水电工程设计信息模型命名应符合企业管理及工程项目应用需求。设计信息模型根据管理流程、设计特性、模型参数等进行命名，可根据实际需求进行选取。

交付成果模型为全专业整合轻量化模型，因此其命名以项目名称、设计阶段、模型名称进行命名，命名规则如下：项目名称-设计阶段-模型命名。

中间交付文件作为专业间配合的载体，除了包含项目名称、设计阶段外还必须包含专业名称、设计版本等信息来确定模型信息，命名规则如下：项目名称-设计阶段-专业类别-结构类别-模型命名-版本号。

由于项目模型需要多专业协同完成，模型可按专业分类进行拆分，如图 6.2-2 所示。

图 6.2-2　项目多专业协同

BIM 建模规定包括项目基点和方位、单位和标高、项目定位、模型构件颜色。为了保证各专业的模型在最终模型的整合过程中能与设计图纸对应，各专业（主要为水工模型、三维地质模型）的项目基点（模型原点）设置要统一。为确保最终各专业模型在 Revit 以及场景制作 Lumion 等平台内便于对准，各专业一般采用规定的方式进行模型定位。

6.2.3 项目建议书阶段 BIM 应用

该项目的项目建议书阶段采用的 BIM 应用点包括模型创建（地形模型创建、水工模型创建、建筑模型创建）、专业协同、可视化应用（虚拟仿真漫游）。

6.2.3.1 模型创建

（1）地形模型创建。根据选定的工程范围，收集国家公开的低精度地形和影像资料，通过 Civil 3D 创建三维地形模型，导入 Skyline 平台构建三维可视化环境，辅助完成工程方案设计。

（2）水工模型创建。根据选定的主要建筑物结构，在企业模型库中选择相同类型的水工模型，调整外部轮廓尺寸使其基本与地形模型匹配。

（3）建筑模型创建。根据选定的主要建筑物结构及其尺寸特点，在企业模型库中选择符合设计特色的建筑模型，调整外部轮廓尺寸使其基本与水工模型匹配。

6.2.3.2 专业协同

该阶段涵盖水工、建筑两个专业（图 6.2-3）。案例中采取了 Revit 中链接水工、建筑专业模型的方式实现专业间的协同设计。

图 6.2-3 水工、建筑专业协同

（1）水工专业可在 Inventor 软件中完成模型的创建，通过软件 BIM 交换功能导出 ADSK 文件，用 Revit 打开，另存为 RVT 模型文件并上传至 Vault 协同平台以供链接调用。

（2）建筑专业可直接在 Revit 中完成厂房建筑模型，之后将其上传至 Vault 协同平台即可。

6.2.3.3 可视化应用

可视化效果是基于 Lumion 软件制作的。制作流程主要包括模型的导入、材质贴图、场景景观配置、三维漫游动画生成。

（1）模型的导入。

1）三维地形。地形是建立真实三维场景的基础，采用 Civil 3D 软件并根据勘测数据生成三维地形模型，在原始地形基础上进行开挖回填设计，得到项目地形模型。将得到的 DWG 格式文件导入 SketchUp 软件中，对地形的不同地块区域赋予不同的材质，将结果保存为 skp 格式文件。碾盘山水利水电枢纽地形数据处理如图 6.2-4 所示。

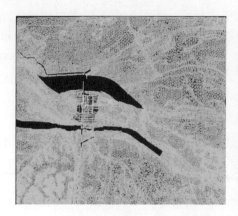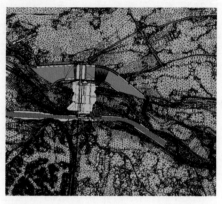

图 6.2 - 4　碾盘山水利水电枢纽地形数据处理

2）水面线模型。在 Civil 3D 中以提取等高线的方式得到相应高程的水面线，构造水面三角网，再以前面选择的地形控制点平移、提取三角网。

3）水工建筑物。将水工建筑物导入 Navisworks 项目中，隐藏地形曲面，导出 FBX格式整体装配模型。

4）建筑模型。在 Revit 软件中搭建闸室上部厂房结构的三维模型，导出为 DAE 格式文件。

（2）材质贴图。在 Lumion 中，三维模型搭建完毕后，接下来的工作就是材质贴图，对地形地貌不同的区域如渠道、河堤等在 Lumion 中赋予相应材质，对水工建筑物、厂房建筑物门、窗、玻璃等赋予相应材质，各材质可以调整色彩、纹理、反射率等参数以达到理想效果。方案设计旨在展现方案，在材质处理时力求清晰明朗、真实生动。

（3）场景景观配置。景观设计是三维可视化的重要组成部分，Lumion 拥有庞大的模型库和场景库。通过 Lumion 自带的模型库添加树木、花草、人物、建筑、车辆等景观，结合碾盘山当地的自然环境，表现更为真实细腻的三维效果，为景观设计提供了极大的便利。

（4）三维漫游动画制作及图片渲染。在 Lumion 动画制作模式下，选取系列场景视角拍摄照片，软件将这些视点镜头自动平滑连接生成视频，通过预览观看动画效果是否满意，若不满意可以再次调整角度、速度等，添加或覆盖原视图。在拍照模式下，有输出各种不同像素图片的选择，可快速渲染出一张高清晰的照片。

6.2.4　可行性研究阶段 BIM 应用

该项目可行性研究阶段采用的 BIM 应用点包括模型创建（地形模型创建、地质模型创建、水工模型创建、建筑模型创建）、场地分析（工程布置、开挖设计）、方案比选（设计方案比选）、可视化应用（虚拟仿真漫游）、模型出图（设计表达出图）、工程算量（工程量统计）。

6.2.4.1　模型创建

1. 地形模型创建

该项目基于倾斜摄影技术进行地形数据采集，航摄成图比例尺 1：500，地面分辨率

0.04，航向重叠率 75%，旁向重叠率 70%，测区平均海拔 35m，拍照间距 40m，航线间距 72m，相对航高 204.3，采用蛇形航线，航线设置如图 6.2-5 所示。航摄前布设了像控标靶，并采集了像控点坐标。碾盘山水电站工程拍摄范围如图 6.2-6 所示。

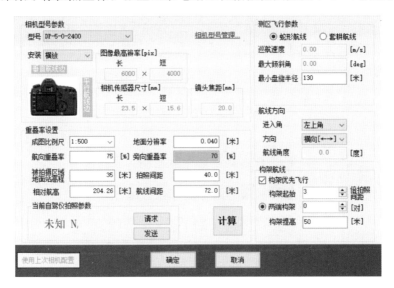

图 6.2-5 航线设置

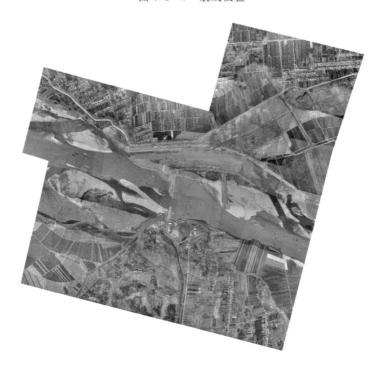

图 6.2-6 碾盘山水电站工程拍摄范围

利用外业采集的倾斜影像、POS 坐标以及像控点数据创建三维地形模型，简要操作步骤如下：

（1）数据导入。在 ContextCapture 中创建项目，指定存放路径，按不同镜头分影像组导入影像及 POS 数据，如图 6.2－7 和图 6.2－8 所示。设置影像组焦距和 POS 数据坐标信息。

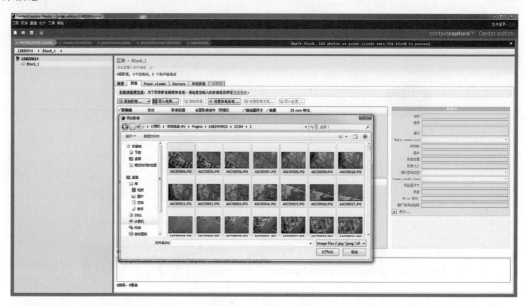

图 6.2－7　导入影像

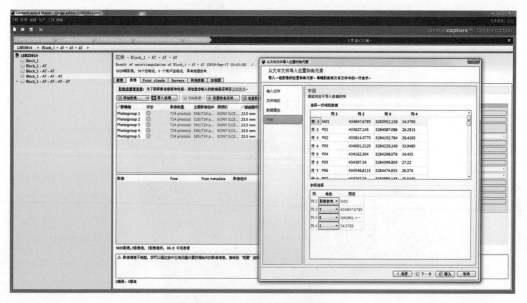

图 6.2－8　导入 POS 数据

（2）像控点刺点及空中三角测量。首先根据 POS 数据进行第一次空中三角测量，完成后导入像控数据刺点，如图 6.2－9 所示。

刺点完成后再次空三平差，此次平差按像控点进行平差，平差完成后检核空三精度，见表 6.2－5。

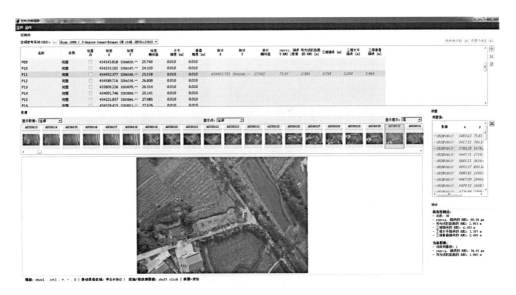

图 6.2-9 像控点刺点

表 6.2-5 空三平差控制点精度统计

控 制 点 误 差								
点名	类型	精度/m		像片数	重投影误差 [pixels]	相对距离误差/m	三维误差/m	水平方向误差/m	垂直方向误差/m
P02	3D	水平	0.01	15	0.03	0.001	0.0013	0.0004	0.0012
		垂直	0.01						
P03	3D	水平	0.01	4	0.11	0.0034	0.0032	0.0032	0.0002
		垂直	0.02						
…	…	…		…	…	…	…	…	…

（3）倾斜模型创建。待空三平差合格后重建项目，创建三维实景模型（图 6.2-10），可导出 S3C、OSGB、OBJ、DAE、FBX 等多种格式，其中 OSGB 格式模型较常用。

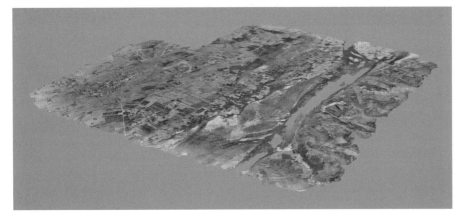

图 6.2-10 倾斜摄影模型

（4）矢量地形图生产。利用生产的三维实景模型，进行裸眼 3D 绘图，采集房屋、道路、水系、植被、高程点、等高线等各类要素，生产基本比例尺矢量地形图如图 6.2－11 所示。

图 6.2－11 三维实景模型

（5）地形曲面创建。通过生产的矢量地形图数据，在 Civil 3D 中创建地形曲面（图 6.2－12），构建三维地形模型（图 6.2－13），供下游专业使用。

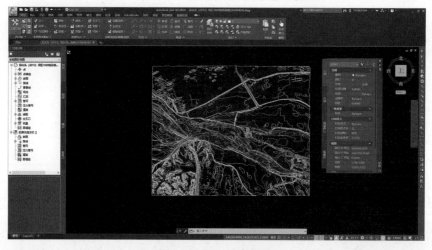

图 6.2－12 创建曲面

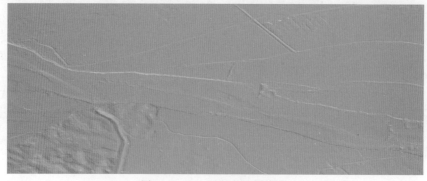

图 6.2－13 碾盘山地形模型

2. 地质模型创建

工程地质是水利水电工程建设的基础，三维地质模型是应用水利水电工程三维可视化设计的基础。三维地质设计贯穿碾盘山水电站地质工作整个流程，包括从资料录入、分析、解译、推测、判断到成果应用、输出等多个环节，它强调地质生产全过程的介入。地质建模流程图如图 6.2-14 所示。

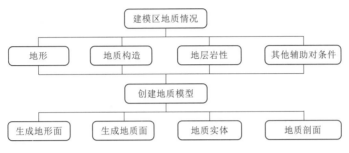

图 6.2-14　地质建模流程图

在本项目外业勘察的准备阶段，首先把需要勘察测绘的线路在 GIS 地质图标识出来，进而对工程区域的地层岩性、地质构造情况做大致了解，实现前期现场勘探路线布置的规划设计。

如图 6.2-15 所示，方案二选址为沿山头坝址，广泛分布有第四系冲积层，仅在右岸岗地出露白垩系上统跑马岗组（K_2p）。

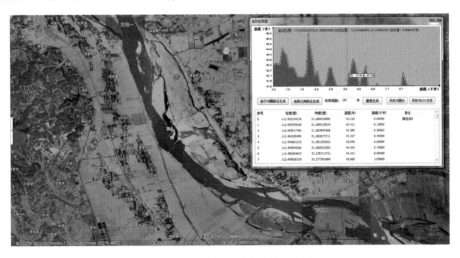

图 6.2-15　工程上下坝址位置示意图

然后，基于地质工程野外勘察成果，通过数据库导入地形和地质数据，生成各地层面，实现二维到三维模型的转化，建立碾盘山水电站三维地质模型。对各地层定义相应颜色、岩性花纹，使模型能够明确清晰地区分表达，便于后续分析。

（1）数据库的建立。根据项目要求，对项目的工程属性、工程区域、工程阶段进行定义；基本地质数据包含地层、岩性、地质界线、地质构造等；确定勘探线布置、钻孔布置；然后录入相应内容。定义地质字典如图 6.2-16 所示，基础地质数据录入如图 6.2-17 所示。

地层岩性名称*	地层代号	地层时代	成因类型	岩性花纹	颜色	备注
C323	O$31	奥陶系	沉积岩	C323		泥灰岩
Q113	Q^al$3	第四系	松散沉积物	Q113		壤土
QF02	Q^al$4	第四系	松散沉积物	QF02		细砂
QG02	Q^s$4	第四系	松散沉积物	QI08		素填土
QH03	Q^edl$3	第四系	松散沉积物	QH03		残积土

图 6.2-16   定义地质字典

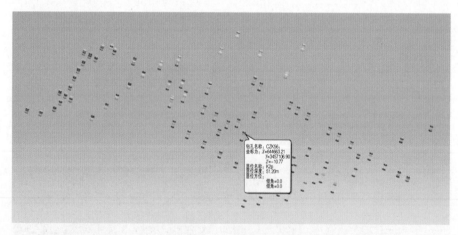

工程区 全部
钻 孔 K1

数据筛选 | 钻孔概况 钻进记录 地层岩性 采取率及RQD 风化程度 地质构造 裂隙统计 水文地质 物

钻孔数据

止深度*	地层名称	地层代号	地层序号	岩石颜色
3.00	QG02	Q^s$4	1	灰色
4.50	Q113	Q^al$4	2~3	黄色
16.00	Q113	Q^al$3	3	黄色
30.00	C323	O$31	5	紫红色

图 6.2-17   基础地质数据录入

（2）地质模型的建立。依据数据库，拟合得到三维地质模型，如图 6.2-18、图 6.2-19 所示。

图 6.2-18   加载三维钻孔

（3）模型在 Revit 中的剖切，如图 6.2-20 所示。

在 Revit 中将地质模型与其上下游专业模型进行整合，并对整合后的模型剖切输出带有地质信息的平切图、立剖面图，从而可快速准确、直观地表达项目区地质情况，更好地对坝址、坝线选择以及工程布置进行综合评价。

3. 水工模型创建

水工专业的建模主要分为两种，即三维地形曲面建模和水工建筑物实体建模。

（1）三维地形曲面建模。根据已经获得的二维地质剖面以及三维地质体剖切面，结合

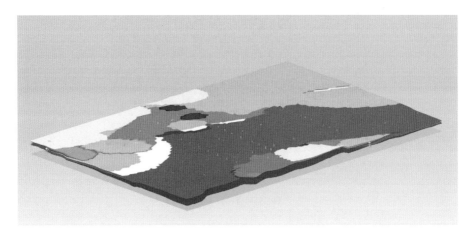

图 6.2-19　建立三维地质面

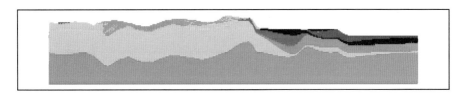

图 6.2-20　基于 Revit 剖切地质体

施工专业数据初步拟定水工建筑物的开挖方式，并进行地形开挖设计，从而得到开挖回填工程量、导出设计总图以及实现可视化制作等。Civil 3D 进行开挖设计时要基于地形和地质曲面，地形曲面可由测绘专业提供的等高线生成，地质曲面可以通过钻孔柱状图的岩层分界点来构造。

Civil 3D 建立三维模型功能可以快速地完成道路工程、场地、雨水/污水排放系统以及场地规划设计。所有曲面、横断面、纵断面、标注等均以动态方式链接，可对多种设计方案进行设计比较，并且可以与部件编辑器（Autodesk Subassembly Composer）配合使用，可以完成各种断面造型的建模和出图。

在 Civil 3D 中建立模型，最主要的两种方法是"放坡法"和"道路法"。放坡法操作简单，生成模型快捷，适合轮廓比较复杂的设计，但只能生成曲面模型；道路法适用于沿某一放样线横断面型式大体相同或存在一定规律的曲面，通过与部件编辑器配合，可以生成较为复杂的实体及曲面模型，并且方便二维出图。

水利水电工程中，基坑开挖、场地平整、渠道端头开挖回填等边线复杂、坡度变化频繁的范围或区域采用放坡功能；在条带地形上的设计渠道、堤防、道路和土石坝等则以采用道路功能为主，局部结合放坡功能进行。因此，在碾盘山水电站的基坑开挖中采用了放坡功能，左岸土石坝、进场道路和堤岸护坡等则采用了道路功能。

图 6.2-21 为开挖后的基坑（包含了施工专业的导流明渠）和左岸土石坝横断面（部件编辑器＋道路功能）。

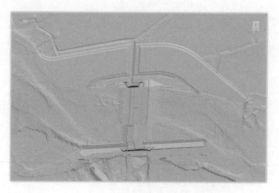

（a）基坑开挖图

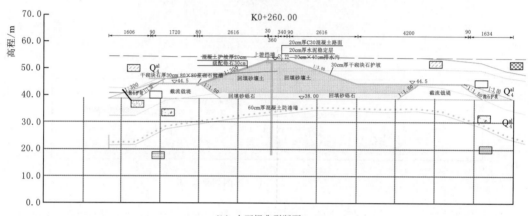

（b）土石坝典型断面

图6.2-21 放坡和道路功能建模

（2）建筑物建模。采用以 Inventor 建模为主，Revit 建模为辅。

Inventor 软件本质上是以机械设计为基础开发的，同其他主流三维软件一样，采用几何特征描述。首先，创建物体零件（类似 Revit 族文件，后缀 .ipt），零件基于草图平面，然后经过拉伸、扫掠、旋转、放样等操作生成，草图平面需要尺寸标注和约束，因而是严格的参数化设计过程；然后通过零件进行装配（类似 Revit 的项目文件，后缀 .iam），生成复杂模型。

Revit 基于建筑模板，因而有轴网、标高、场地等内置的属性，方便建模时捕捉、定位，水工模型一般结构尺寸较大，相对建筑结构表现较为不规则，有时层高的概念不是十分明确，较普遍的做法是根据建筑物特点和功能进行划分，建立各自的族模型，然后进行组装。

在水工建模时一般采用可载入族的方式建立族文件，族模板选用公制常规或自适应体量族，因为在 Revit 结构中只有基于这两种族的实体才能成为钢筋的宿主（即钢筋的依附体），便于后续直接在 Revit 中进行三维配筋。对于形状较为规则或常用的构件尽量实现整体参数化，提高模型重复利用率。

上述两种软件所针对的设计对象侧重点不同，模型的架构和创建方式也不相同，但是经过转换，在欧特克平台下可以实现整体拼装、检查、出图。从水工建模参数和属性管理便利性来说，Revit 占有优势，而 Inventor 建立复杂模型的功能更为便利、直观，两者建立的模型均可按中性格式文件导入到 ANSYS 进行计算分析，然后再到第三方三维配筋平台进行配筋。

4. 建筑模型创建

建筑设计采用 Revit 软件进行，以实现与水工专业的协同设计。

建筑专业三维协同设计对象为碾盘山水利水电枢纽电站 51.00m 高程以上的厂房建筑设计。该厂房建筑长 201.80m、宽 40.80m、高 23.00m，建筑面积 9415.52m²，设计为现代风格。由于厂房体量较大、较高、较长，并考虑到通风和采光的要求，墙面设置了较多的玻璃幕墙，从横向和竖向将墙面划分，使建筑显得流畅轻盈。结合发电厂房周边的环境特点，外墙面采用浅灰色墙面砖，与周围景观协调，并运用橙色线条进行点缀，整体色调时尚简明。

碾盘山发电厂房由安装间、主厂房和副厂房组成。局部的副厂房设计为两层楼，一楼为主变室，二楼为 GIS 室；其余一层副厂房均为电气设备用房。发电厂房效果如图 6.2-22 所示。

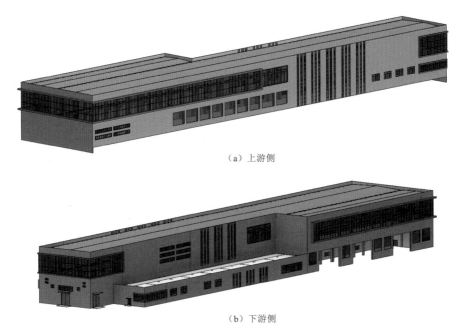

（a）上游侧

（b）下游侧

图 6.2-22　发电厂房 Revit 效果

碾盘山发电厂房建模过程中，门、窗、墙体和楼板等均采用系统族进行创建；凸出墙面的窗台线条、牛腿柱、吊车梁和正放四角锥网架屋顶均为可载入族独立创建。

6.2.4.2　场地分析

（1）工程布置。工程布置在 AIW 中完成，可以创建大面积的三维场景。

在数据源菜单下分别导入总体设计曲面、影像、整体三维模型，总体设计曲面主要由水工开挖基坑、船闸、鱼道、导流明渠等设计曲面与地形曲面粘贴合并而成。

整体三维模型是在 Inventor 中完成地理配准后，生成的 FBX 格式整体三维模型，如

图 6.2-23 所示。

（2）开挖设计。开挖设计是水工设计的一部分，在 C3D 软件中完成，基坑开挖、场地平整、渠道端头开挖回填等边线复杂、坡度变化频繁的范围或区域采用放坡功能；在条带地形上的设计渠道、堤防、道路和土石坝等则以采用道路功能为主，局部结合放坡进行。

6.2.4.3 方案比选

在项目的前期可研阶段，针对上坝址（碾盘山）和下坝址（沿山头）进行坝址比选。上坝址（碾盘山）位于钟祥市区上游 20.4km，坝址处河段基本顺直，两岸地形左高右低，河流自西北流向东南。上下坝址位置示意图如图 6.2-24 所示。

图 6.2-23　整体三维模型

图 6.2-24　上下坝址位置示意图

（1）上坝址（碾盘山）枢纽布置方案——右岸厂房方案：利用左岸主河槽作为一期导流明渠，在主河床右侧布置厂房，紧邻厂房左侧布置 16 孔一期泄水闸、纵向围堰和二期 10 孔水闸，厂房右侧与右岸汉江干堤相接，沿右岸汉江干堤坡脚滩地布置鱼道，泄水闸左岸与左岸岗地碾盘山相接，岗地左侧垭口布置船闸。采用一线式布置，坝轴线（AB 线上）自左至右依次布置船闸坝段长 43.00m，左岸连接土石坝 146.50m，二期水闸坝段长 198.00m，纵向围堰坝段长 20.00m，一期泄水闸坝段长 316.80m，主厂房坝段长 164.00m，安装间坝段长 60.00m，右岸连接土石坝 94.00m，主河床段枢纽坝轴线总长 999.30m，计入左岸垭口布置 43.00m 长船闸，合计坝轴线长度为 1042.30m。上坝址右岸厂房方案 BIM 设计示意图如图 6.2-25 所示。

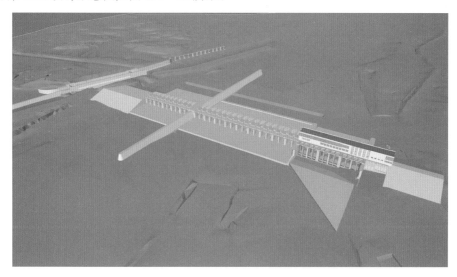

图 6.2-25　上坝址右岸厂房方案 BIM 设计示意图

综合比较枢纽布置、施工导流、发电效益、航运、钟祥市城市建设的发展以及工程投资等方面，选定下坝址（沿山头）为推荐坝址。

初步设计阶段，针对下坝址（沿山头）方案提出 2 条相近的坝轴线（上坝线、下坝线）进行比选。下坝址上下坝线示意图如图 6.2-26 所示。

图 6.2-26　下坝址上下坝线示意图

（2）下坝线布置方案——左岸厂房方案：下坝线枢纽布置与上坝线基本一致，自左至右依次布置泄水闸、电站厂房、连接混凝土重力坝、鱼道及船闸。轴线总长 1400.00m，自左至右依次为左岸连接土坝段 653.60m，泄洪坝段长 457.20m，主厂房坝段长 156.80m，安装场坝段长 45.00m，连接混凝土重力坝段长 34.40m，船闸坝段长 44.00m，右岸连接重力坝段 12.00m。下坝线左岸厂房方案 BIM 设计示意如图 6.2-27 所示。

综合比选后，下坝线轴线长度、工程投资高于上坝线方案。因此，选定上坝线为推荐坝线。推荐方案 BIM 设计示意图分别如图 6.2-28 所示。

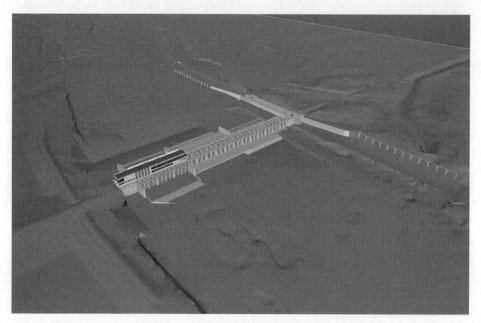

图 6.2-27 下坝线左岸厂房方案 BIM 设计示意

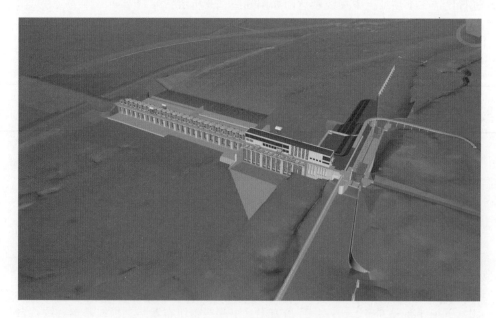

图 6.2-28 推荐方案 BIM 设计示意图

6.2.4.4　可视化应用

本设计阶段可以展示的模型有地形模型、地质模型、水工模型、建筑模型。应用方法与项目建议书阶段的方法相同，需要对相应的模型进行更新，将未出现的模型重新导入。

6.2.4.5　模型出图

目前涉及的建模软件有 Revit、Inventor 和 Civil 3D，Inventor 和 Revit 中有工程图设计模块，通过"样式和标准编辑器"可以方便地定制符合设计要求的工程图样式，这样就能快速、便捷地生成符合行业标准的二维工程图。在 BIM 导出的二维剖面图的基础上增加三维轴测图，使图纸表达更加直观，方便工程人员更容易理解设计人员的意图。

水工专业采用 Inventor 出图，在自定义的标准模板下进行二维出图。在此模板中，可以自定义图框、标题栏、文本样式、标注样式、填充样式。由于软件的限制，该软件的二维出图标准与水工目前采用的行业标准有所差距，故生成的图纸仍需导入CAD 中进行部分优化。另外，水工的结构剖面要与地形、地质结合，将剖面导入到Civil 3D 中与地质软件导出的剖面结合，再次加工标注和填充。

6.2.4.6　工程算量

目前涉及的建模软件有 Revit、Inventor 和 Civil 3D，三个软件都能进行工程算量。

（1）基于 Revit 软件，根据工程量的计算依据、计算范围和要求，将模型族按照材质和族类型进行分类。通过菜单栏的视图-明细表-明细表/数量，编辑明细表属性，并根据工程量计算的要求，选取明细表上的内容，需要列出的字段包括族、体积和合计等，读取族名称和体积信息，生成明细表（图 6.2-29）。此外，还可以根据工程算量的需求，编辑明细表（图 6.2-30），如将同种建筑物合并，体积按升降序排列等。

（2）基于 Inventor 软件，在 Inventor 软件中建模时，首先建立整体模型，然后在大体积混凝土中进行流道、空箱、局部小孔和门洞的挖除，进而形成一个整体的BIM 设计模型实体。根据工程量的计算依据、计算范围和要求，将建筑物模型进行合理的切分、整合和分类。在 Inventor 软件中，通过点击右键查看实体特性，由此可以得到实体的质量、表面积、体积和重心；通过空心拉伸进行布尔运算，来切分模型；采用从整体扣除相应部分计算体积差的方式来统计工程量。Inventor 工程算量过程如图 6.2-31 所示。

（3）基于 Civil 3D 软件，根据创建完成的模型，利用 Civil 3D 的计算材质功能，直接计算围堰各分区的填筑工程量。上游围堰 0+350.00 桩号横断面及对应工程量如图 6.2-32 所示。

6.2.5　初步设计阶段 BIM 应用

该项目初步设计阶段采用的 BIM 应用点如下：模型创建（地形模型创建、地质模型创建、水工模型创建、建筑模型创建、临时工程模型）、场地分析（工程布置、开挖设

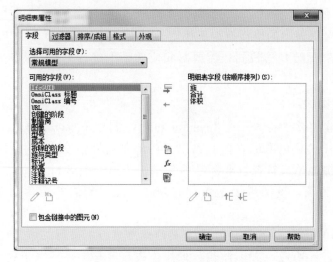

图 6.2 - 29 Revit 生成明细表

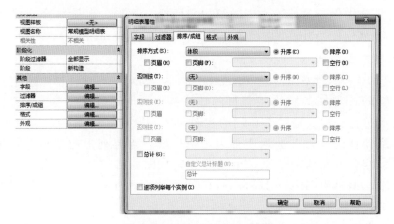

图 6.2 - 30 Revit 编辑明细表

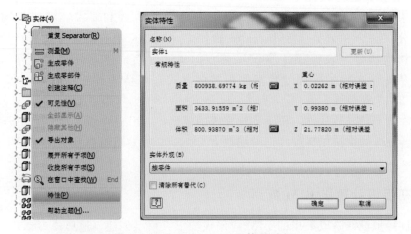

图 6.2 - 31 Inventor 工程算量过程

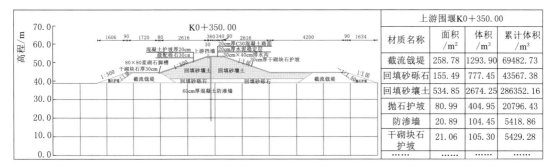

图 6.2-32 游围堰 0+350.00 桩号横断面及对应工程量

计）、仿真分析（结构受力分析、基础稳定分析）、方案比选（设计方案比选及优化）、可视化应用（虚拟仿真漫游）、碰撞检测、模型出图（设计表达出图）、工程算量（工程量统计）。

初步设计阶段与可行性研究阶段的 BIM 应用点类似，具体应用点包括：

（1）模型创建。补充了临时工程模型，其他专业模型在满足《水利水电工程设计信息模型交付标准》（T/CWHIDA 0006—2019）的精度要求和《水利水电工程初步设计报告编制规程》（SL 619—2013）的相关要求下，进行设计细化。

（2）场地分析。开挖设计按照设计流程分阶段进行细化，可以根据需要进行设计优化；工程布置中的模型使用各专业模型细化后的模型进行更新，并导入临时工程模型。

（3）方案比选。设计方案比选是在可行性研究报告阶段的基础上进行深入比选设计，然后选出推荐设计方案；设计方案优化是在可行性研究报告阶段的基础上，对已有的设计内容进行优化设计的过程，只涉及到模型的细化和优化。

（4）虚拟仿真漫游。依据本阶段各专业模型精细化的情况，在可行性研究报告阶段的虚拟仿真漫游基础上，对原有模型进行更新。

（5）模型出图。模型出图是基于本阶段精细化后的 BIM 模型的设计表达，涉及 3 个软件（Revit、Inventor、Civil 3D）及多个专业。

（6）工程算量。工程算量是基于本阶段精细化后的 BIM 模型的工程量的提取，涉及3 个软件（Revit、Inventor、Civil 3D）及多个专业。

6.2.5.1 模型创建

施工专业的设计内容主要有导流、施工总布置、进场道路。

施工导流采用围堰一次性地拦断河床，在左岸滩地开挖导流明渠进行导流。左岸汉江中直堤需进行适当改线以形成左岸副坝。

根据施工导流方案，工程施工分两期进行，一期工程厂房、泄水闸、船闸等建筑物在一期围堰的保护下进行施工，利左岸导流明渠导流；二期左岸土石坝采用进占法施工，明渠回填结合导流明渠进行封堵，在戗堤上进行防渗墙施工和戗堤加培以形成左岸土石坝。临时工程模型创建如图 6.2-33 所示。

考虑到导流明渠两侧线路的长度及弯曲角度均不对称，将明渠部件拆分成三个部分，分别为明渠左侧部件、明渠右侧部件以及明渠底面。明渠左侧部件及明渠右侧部件由于结

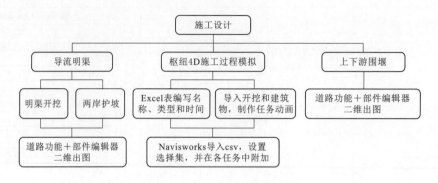

图 6.2-33 临时工程模型创建

构组成非单一且与地形曲面发生关系，考虑利用部件编辑器编写部件，并导入 C3D 中形成装配，提取原 DWG 文件中明渠左右两侧路线创建"道路"模型。导流明渠模型建立流程图如图 6.2-34 所示。

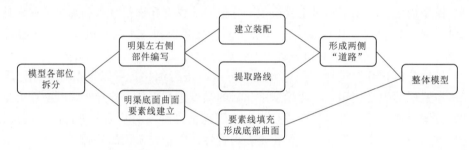

图 6.2-34 导流明渠模型建立流程图

围堰两头需要与地面相接，考虑上、下游围堰整体情况编写部件，在两头留出适当位置，提取线路，形成"道路"。在完成后的模型两头中提取要素线，添加可编辑点并对高程进行编辑，同时将其添加到地面坡度，形成围堰两头曲面模型，与通过装配形成的曲面进行粘贴，形成围堰整体曲面。围堰模型建立的流程图如图 6.2-35 所示。

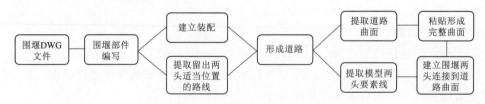

图 6.2-35 围堰模型建立的流程图

6.2.5.2 仿真分析

目前，主流的 BIM 软件均与 ANSYS、ABAQUS 等大型有限元软件实现了无缝对接。采用 BIM 软件进行三维设计建模，然后一键导入 ANSYS Workbench 软件中进行有限元网格划分和计算分析（图 6.2-36）；根据应力计算结果，按《水工混凝土结构设计规范》（SL 191—2008）配置各部位钢筋，再将三维模型导入水工三维配筋软件进行配筋，三维布筋完成后转化为二维 CAD 图纸。通过三维设计的方式，实现一次性建模，由一套模型数据完成设计、分析和配筋的所有工作。这就实现了水电三维协同设计和三维钢筋图设计的有机结合，避免了重复建模带来的弊端，极大简化了设计流程，体现了高效、集约的设计思路。

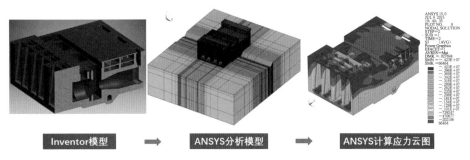

图 6.2-36　Inventor 模型导入 ANSYS Workbench 进行有限元计算

在碾盘山水电站工程的结构设计过程中，水工专业需要对结构进行稳定计算和结构应力计算。由于水工建筑物体积较大，形状不规则，且与地基相互作用，传统的结构力学方法需要进行一些假定和简化，计算过程中人工干预较多、情况十分复杂，计算结果与结构实际受力存在较大的差异，对结构进行优化设计十分困难。然而，以建好的三维模型为基础，采用有限元数值分析方法进行结构分析已经成为解决此类问题的普遍方法，可以使三维设计过程更为精确和高效。

该工程电站厂房结构复杂，泄水闸计算工况较多，在可研和初设阶段基于 BIM 模型，实现了 Inventor 与 ANSYS 的无缝对接，完成了厂房、泄水闸的结构和温控方案有限元计算仿真分析，极大地提高了设计质量和效率。数值计算的成果简单归纳整理后用于三维配筋设计，实现了水利水电设计中三维模型设计、三维数值分析、三维配筋设计环节的高度集成和有机结合，在确保设计质量的基础上，显著提高了生产效率。厂房有限元计算结果如图 6.2-37 所示，泄水闸有限元计算结果如图 6.2-38 所示。

在三维协同设计的过程中，还对厂房流道和鱼道水力学性能、泄水闸泄洪过程、厂房上部建筑通风进行了流体力学仿真计算，快速地实现了优化设计（图 6.2-39）。

将厂房上部建筑模型导入 Pathfinder 中进行紧急疏散仿真模拟，准确地得到了建筑内部人员的疏散全过程，为紧急情况下建筑内的人员疏散提供了参考。

6.2.5.3　碰撞检测

完成模型创建后，可以利用外部工具生成 NWC 文件格式并导入到 Naviswork 中进行碰撞检查（图 6.2-40）。

常用的检测方式有内部漫游和碰撞检测（Clash Detective）两种方式，下面简要介绍检测过程。

（1）漫游。将模型导入到 Naviswork 中后，可以以第三人称在模型内漫游，直观地发现模型设置中的一些问题，如发现变压器离外墙距离过近，桥架与进人井存在碰撞等。

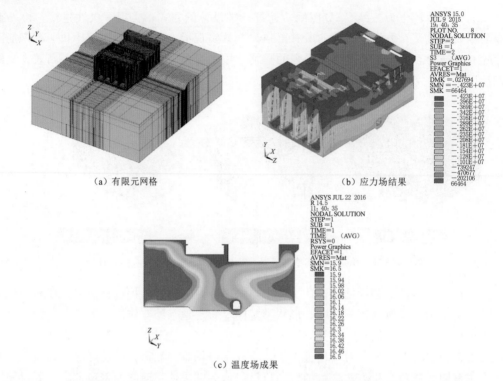

（a）有限元网格　　　　　　　　　　　　（b）应力场结果

（c）温度场成果

图 6.2-37　厂房有限元计算结果

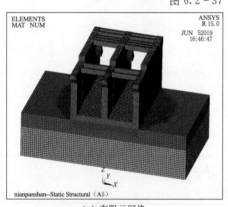

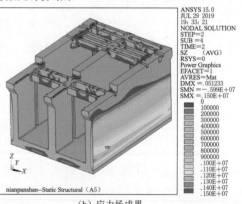

（a）有限元网格　　　　　　　　　　　　（b）应力场成果

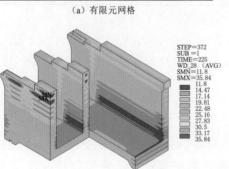

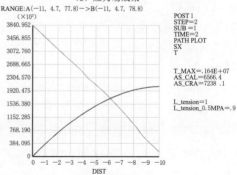

（c）温度场成果　　　　　　　　　　　　（d）典型截面配筋积分

图 6.2-38　泄水闸有限元计算结果

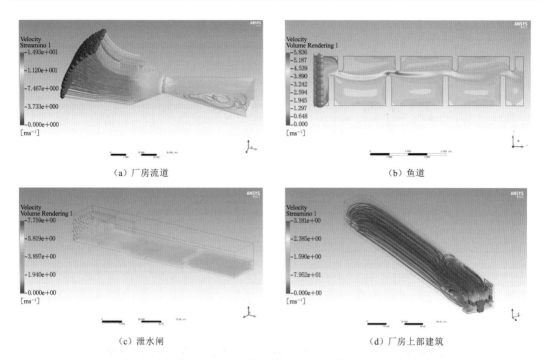

(a) 厂房流道   (b) 鱼道

(c) 泄水闸   (d) 厂房上部建筑

图 6.2-39 结构流体力学仿真计算分析

(2) 利用碰撞检查功能。除了直接在模型中漫游发现问题，也可以使用 Clash Dectective 功能进行碰撞检查。

1) 点选 Clash Detective 进入碰撞检查界面，选择添加检测（图 6.2-41）。

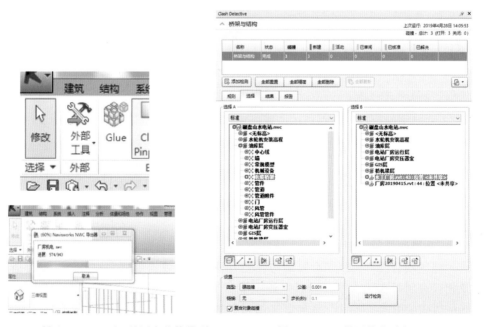

图 6.2-40 导入 Navisworks 的厂房整体模型   图 6.2-41 设置检查对象

2）选择碰撞检查对象（选择 a 和选择 b），点击运行监测（图 6.2-42）得到检测结果。

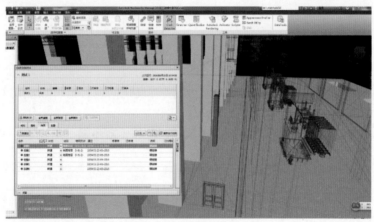

图 6.2-42 碰撞检查结果

3）点选碰撞时，视点会自动切换到碰撞位置。

6.2.6 招标设计阶段 BIM 应用

招标设计阶段与初步设计阶段的 BIM 应用点比较，招标设计阶段增加了金属结构模型创建。与金属结构专业相关的 BIM 应用点还包括金属结构计算、金结设备运行模拟。

6.2.6.1 金属结构模型创建

（1）建立项目文件。由于金属结构各类闸门模型涉及的零部件较多，以每套金属结构内容及相应启闭设备为一个小项目，建立项目文件及文件夹。新建好项目文件后，通过 Inventor 功能区中的"项目"将自定义的材料库、自定义库以及资源中心库等添加进项目，做好建模前的准备工作。

（2）建立基础布局。新建一个 ipt 文件，通过输入用户参数的方式将一些控制尺寸（如孔口尺寸、主梁数目、间距等）输入参数中作为基础控制参数。基础控制参数是整个模型参数化的基础，后续模型参数均以表达式的方式与基础控制参数关联，这样可以保证模型建立完成后通过调整少量基础控制参数以达到所需的模型整体外形尺寸及结构变化。泄水闸检修门如图 6.2 - 43 所示，弧形工作门与水闸组装如图 6.2 - 44 所示。

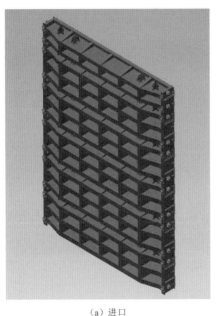

（a）进口

（b）出口

图 6.2 - 43　泄水闸检修门

6.2.6.2　金属结构计算

　　金属结构三维模型不仅可以应用于工程图的绘图设计，还可以将结构的三维模型简化处理后，导出到有限元分析软件中，利用有限元分析软件强大的计算功能，对结构进行静力学、动力学分析；通过计算后的应力应变云图，分析结构的应变和应力是否满足设计规范要求，也为复杂金属结构优化设计提供了实时快速的手段。图 6.2 - 45 为碾盘山水电站工程泄水闸弧门的支铰铰链，在 Inventor 中将三维模型简化后，导入至 ANSYS 的 workbench 模块中，通过赋力学参数、划分单元网格、添加约束与荷载等处理方式，最后得到结构所有部位的应

图 6.2 - 44　弧形工作门与水闸组装

力应变数据，并以直观的云图显示出来，这是传统的简化计算方法所无法比拟的。通过应力应变云图，对不满足设计要求的部位，可以将三维模型进行结构设计修改、优化，再重复上面的计算步骤，直到得出满意的结构体型（图 6.2 - 45 中支铰链在初次计算时，其肋板与支撑环的连接过渡部位出现了应力集中且超设计规范的情况，通过局部修改模型后，

其值满足规范了要求）。图 6.2-45、图 6.2-46 分别为碾盘山泄水闸弧门支铰链、支铰座在有限元分析中的网格划分和后处理结果。

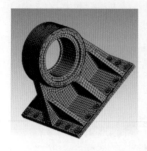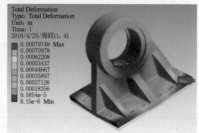

图 6.2-45　碾盘山泄水闸弧门支铰链变形分析

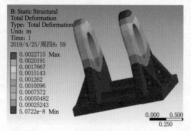

图 6.2-46　碾盘山泄水闸弧门支铰座应力分析

6.2.6.3　金结设备运行模拟

传统设计中，金属结构设备的运行过程轨迹很难表达，启闭设备及金属结构件的运行过程与土建及管线等有无碰撞或干涉难以有效地反映出来。在 BIM 设计中，可以通过软件对金属结构设备的运行进行模拟演示，能直观、有效地检查碰撞问题（图 6.2-47）。另外，部分复杂闸门的联合调度也难以通过传统手段清晰表达，而 BIM 模拟演示动画可以完整地表现出各类设备之间的配合运行情况，从而为管理单位的运行调度提供指导。

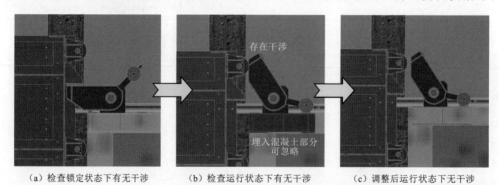

（a）检查锁定状态下有无干涉　　（b）检查运行状态下有无干涉　　（c）调整后运行状态下无干涉

图 6.2-47　设备的运行进行模拟图

以下就该工程泄水闸工作弧门运行过程演示（图 6.2-48）和泄水闸上游检修门运行过程演示（图 6.2-49）对 Inventor 软件制作模拟演示动画作简要的描述。

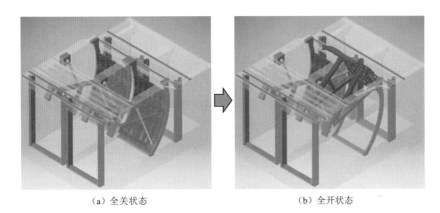

（a）全关状态　　　　　　　　（b）全开状态

图 6.2 - 48　泄水闸工作弧门运行过程演示

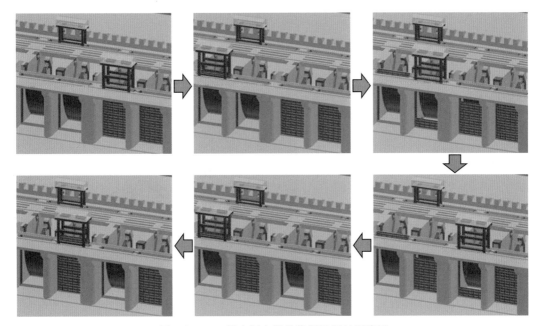

图 6.2 - 49　泄水闸上游检修门运行过程演示

6.2.7　施工图设计阶段 BIM 应用

该项目施工图设计阶段采用的 BIM 应用点包括模型创建（地形模型创建、地质模型创建、水工模型创建、建筑模型创建、临时工程模型创建、水机模型创建、电气模型创建、金结模型创建）、场地分析（工程布置、开挖设计）、仿真分析（结构受力分析）、方案比选（设计方案优化）、可视化应用（虚拟仿真漫游、可视化校审、可视化设计交底）、碰撞检测、模型出图（设计表达出图）、工程算量（工程量统计）、施工进度模拟。

施工图设计阶段与招标设计阶段的 BIM 应用点相比，这两个阶段中只涉及模型深度细化问题的相关重复应用点，因而将不在本阶段 BIM 应用点中赘述，以下为不再详细说明的 BIM 应用点：

（1）模型创建：补充了水机工程模型和电气工程模型，其他专业模型在满足《水利水电工程设计信息模型交付标准》（T/CWHIDA 0006—2019）的精度要求下，进行设计细化。

（2）场地分析：开挖设计按照设计流程分阶段进行细化，可以根据需要进行设计优化；工程布置中的模型使用各专业模型细化后的模型进行更新，并导入临时工程模型。

（3）方案比选：设计方案优化是在招标设计阶段的基础上，对已有的设计内容进行优化设计的过程，只涉及到模型的细化和优化。

（4）虚拟仿真漫游：依据本阶段各专业模型精细化后的情况，在可行性研究报告阶段的虚拟仿真漫游基础上，对原有模型进行更新。

（5）模型出图：模型出图是基于本阶段精细化后的 BIM 模型的设计表达的，涉及 3 个软件（Revit、Inventor、Civil 3D）及多个专业。

（6）工程算量：工程算量是基于本阶段精细化后的 BIM 模型的工程量提取的，涉及 3 个软件（Revit、Inventor、Civil 3D）及多个专业。

6.2.7.1 模型创建

1. 水机模型创建

建立灯泡贯流式机组、桥式起重机、技术供水、消防供水管路和设备的族库，图 6.2-50 为主机设备。

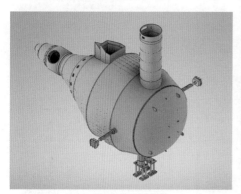
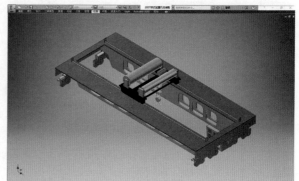

（a）灯泡贯流式发电机组　　　　　　　　（b）主厂房双梁桥式起重机

图 6.2-50　主机设备

2. 电气模型创建

利用 Revit 进行三维电气设计建立的族文件是基础。Revit 中内置了不少标准构件族，Revit 中自带的电气图例是按照美国标准制作的，不满足目前国内的电气制图标准，并且族库内的族样式过少且过于简单，不足以支撑整个项目。因此，在项目正式开始之前，要根据项目的需求制作符合国内设计规范的电气族文件；电气族在二维平面视图上既要满足国标要求的出图标准，又要在三维模型上符合事物的实际样貌，还需赋予尺寸、性能、符合类型、光源参数等一系列属性参数。

电气专业的族类型数量比较庞大，同时族所带的属性参数的设置也关系到后续的电气计算以及系统的创建，因此需要设计人员根据电气工程设计的国家标准和项目需求，自建常用的电器构件族，如照明设备族、开关插座族、配电盘族、标题栏族等。

除了部分可以直接利用设备轮廓线作为二维表达样式的电气族外，为了创建一些需要符合二维出图规范的电气族，首先可以用一个模型族来表示设备的三维模型，其参数与真实情况相同；然后再用一个注释族来表示设备的二维信息，其形状、大小应与国标的要求相同，则可以满足国标中然后二维图纸的规定；最后将这两个族关联起来，使它们成为一个整体，则可以解决模型二维表达不规范的问题。具体以开关为例：

（1）使用公制常规注释样板创建一个常规注释文件，用直线命令绘制单联开关符号。

（2）使用公制常规模型样板创建一个新的族文件，族类别设置为电气装置，再利用拉伸等建模命令完成开关建模，完成的模型如图 6.2-51 所示。

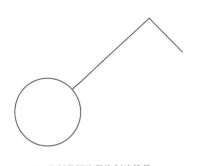 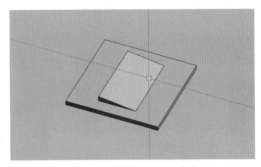

（a）公制常规注释族创建符号　　　　　　　（b）公制常规模型族创建模型

图 6.2-51　开关族创建

（3）进行族的嵌套（图 6.2-52）。由于族的二维图例及三维模型都要在图纸上体现出来，可以使用族嵌套功能将二维注释与三维模型族联系起来。在开关的三维模型中，使用载入族功能，将已经绘制好的二维注释族载入到已经绘制完毕的模型中，将它们原点对齐。

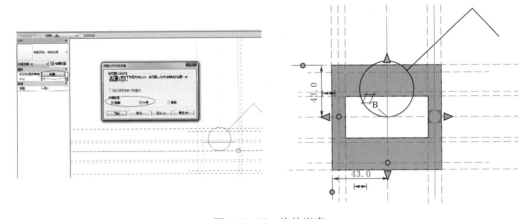

图 6.2-52　族的嵌套

由于二维图例和三维模型处于同一个族中，在项目中会同时显示出来，因此需要控制其可见性，可将二维注释的可见性设置为粗略和中等、三维模型的可见性设置为精细；当模型载入到项目中时，可以通过修改视图的详细程度来控制设备，从而决定是以二维图例还是三维模型来表达。

6.2.7.2　可视化设计交底

在 Navisworks 中组装完成各专业的模型后，生成轻量化模型（nwd 格式），在设计院的项目集中办公室和位于钟祥的设代处两个位置分别完成场景的搭建，然后与 BIM 团队同步更新数据，以便于各方设计人员实时查看项目模型、交流设计和施工中出现的问题，该方法极大地提高了沟通效率。设计组人员利用轻量化模型辅助设计如图 6.2-53 所示，设代处人员利用轻量化 BIM 模型解决现象具体问题如图 6.2-54 所示。

图 6.2-53 设计组人员利用轻量化
模型辅助设计

图 6.2-54 设代处人员利用轻量化 BIM
模型解决现象具体问题

6.2.7.3 碰撞检测

电站厂房内油、气、水、电等线路纵横交错，专业涵盖多，施工单位交叉作业密集，这大幅增加了机电管线设计的复杂性。利用 BIM 软件平台的碰撞检测功能，实现了建筑与结构、结构与暖通、机电安装以及设备等不同专业图纸之间的碰撞，同时加快了各专业管理人员对图纸问题的解决效率。

本项目在 Revit 中完成数据整合之后导入 Navisworks，并利用 Clash Detective 功能进行碰撞检查，进一步确认了专业模型间有无碰撞，并及时在设计阶段对碰撞点进行了讨论解决。

电气桥架与水工结构相碰撞，发现问题后由电气设计师及时与水工专业人员联系，经过讨论，电气专业将桥架高度下调，碰撞得到了解决。新建碰撞规则如图 6.2-55 所示。桥架高度调整前后状态如图 6.2-56、图 6.2-57 所示。

碰撞检测功能可对硬碰撞、最小间隙

图 6.2-55 新建碰撞规则

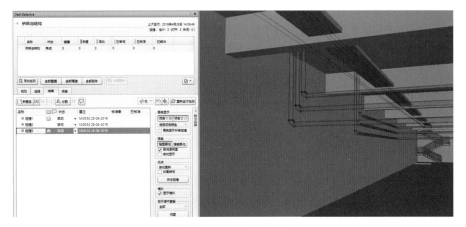

图 6.2-56 调整前

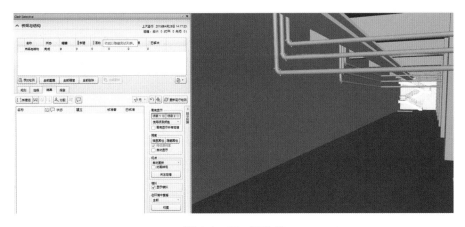

图 6.2-57 调整后

检查和净空进行设置，碰撞结果可生成检测报告。通过检测结果快速找出碰撞部位（图 6.2-58），相关专业点击碰撞部位后可返回设计软件中进行修改更新，如图 6.2-59 所示。

图 6.2-58 碰撞检测部位

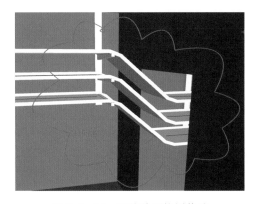

图 6.2-59 碰撞检测协同修改

6.2.7.4　施工进度模拟

施工总进度是整个项目在时间上的布置，为业主的资金筹措、施工单位的材料准备以及设计单位的供图计划提供重要依据。需综合考虑防洪度汛、物资供应、特殊季节施工等各个因素，以 Excel 文件为媒介，可将 P6 平台与 Navisworks 进行联动；在 P6 平台上进行施工进度编排及后续调整时，可直接联动到 Navisworks 的 Timeliner 控件，进行施工进度 4D/5D 施工模拟的生成与即时调整，并将构成工程实体的建筑物与对应的人、材料、机械等进行联动，可以协助进行资源消耗量分析，为资源配置计划提供依据。

结合施工资源供应情况以及施工机械和人员可以达到的施工强度，并兼顾天气、环境等因素可以对厂房、泄水闸等主要建筑物的施工进行精细化 4D 模拟，作为施工总进度模拟的细化，如图 6.2-60 所示；精细化的 4D 施工模拟包含了混凝土浇筑分仓、施工机械组合、施工流水次序等关键的施工工艺，对现场具体施工具有指导意义。施工模拟如图 6.2-61 所示。

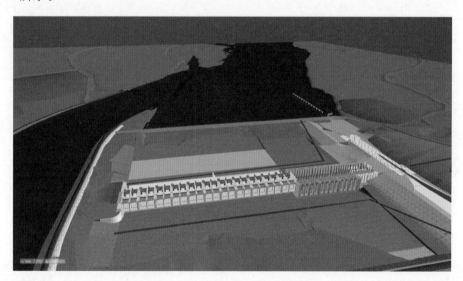

图 6.2-60　4D 施工总进度模拟

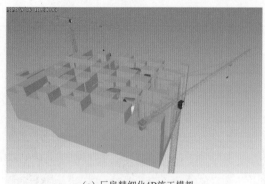

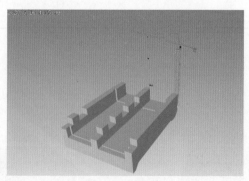

（a）厂房精细化4D施工模拟　　　　　　　　（b）泄水闸精细化4D施工模拟

图 6.2-61　施工模拟

6.3 水闸工程案例

6.3.1 案例概述

6.3.1.1 项目的基本情况

德阳市青衣江闸桥工程位于沱江干流德阳城区黄河路水闸至青衣江大桥河段，闸址位于青衣江大桥下游约130m处，水闸正常蓄水位494.00m，闸桥工程按2级建筑物级别选择洪水标准，水闸共设17孔、9个闸段，全长316.00m，闸室段采用不带胸墙的平底宽顶堰，闸门尺寸为16.0m×3.0m（宽×高），边墩（缝墩）厚1.5m、中墩厚2.0m，闸门形式为露顶溢流式平面升卧（前翻式）钢闸门，采用升卧式启闭。青衣江路水闸整体模型图如图6.3-1所示。

图6.3-1 青衣江路水闸整体模型图

6.3.1.2 BIM应用目标

在设计过程中，采用Autodesk平台的系列BIM软件进行全专业协同设计，以实现全专业正向设计为目标，并考虑后期施工和运维需求，实现BIM技术在工程全生命周期中的应用和管理。

6.3.2 BIM应用内容

6.3.2.1 技术路线

对青衣江路桥闸工程进行BIM设计，主要技术路线为：测绘专业通过实测获取准确的地形信息，再通过卫星影像获取工程周边的环境情况，将数据导入InfraWorks，生成现状场地模型；水工、岩土和建筑专业使用Revit软件，完成各专业建筑物的建模并剖切模型生成二维图纸，同时各专业的成果按照各自专业的命名规则实时保存到Vault平台上，达到实时更新、实时共享的要求，各专业根据需要可链接其他专业的成果，以保持设计的一致性；金结专业利用 Inventor 软件建立闸门、启闭机等模型，并将其导入到 Revit 软件进行组装；最终将所有专业的模型导入 Navisworks 中进行碰撞检测，并根据检测报告进行设计调整，防止错、漏、碰、缺；在 InfraWorks 中将现状环境和设计对象进行整合，同时将精简后的模型导入有限元软件 Ansys 中进行结构应力分析，以确保结构计算的准确性。

6.3.2.2 主要应用内容

（1）水工专业。水工专业使用 Revit 软件进行设计建模，通过以往工程的积累，水工专业已建立常用的参数化族库（包括挡墙、闸墩、排水孔等），在设计的过程中可根据需要直接调用相关族，修改相关参数后即可适应本工程需要，缩短了建模时间，提高了工作效率；根据需要链接其他专业的模型，直观地表达设计意图，同时在三维模型性上进行平纵横的剖切，添加标注和注释，生成图纸，实现正向设计。闸室三维轴测图如图 6.3-2 所示。结构剖面图如图 6.3-3 所示。

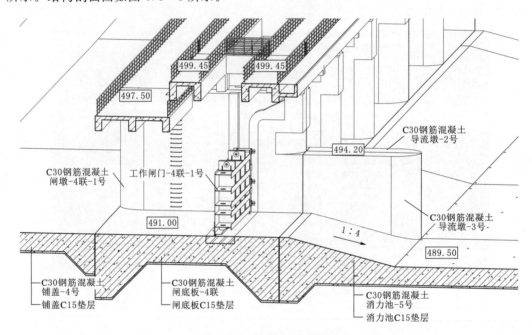

图 6.3-2 闸室三维轴测图

（2）岩土专业。岩土专业同样通过 revit 软件进行桩基的设计和出图，在设计的过程中，可以通过 Vault 链接水工专业的模型，作为参照布置桩位。

（3）建筑专业。建筑专业同样使用 revit 软件直接进行配电管理房的设计、建模和出图，无论是在方案比选阶段还是设计出图阶段，都比传统二维设计的方式更加直观和高效。配电管理房建筑模型如图 6.3-4 所示。

（4）金属结构专业。金属结构专业通过 Inventor 进行闸门的正向设计。对于常规闸门，从模板库中选择相应的模板，修改相应参数后即可生成本工程的闸门模型，并基于模型进行二维出图；然后再将模型转化为 Revit 族文件，与水工三维模型进行整合。在后续 BIM 设计中，金属结构专业将同时提供精细模型及简化模型，以满足本专业及配合专业在不同项目阶段的三维设计深度需求。闸门族及其布置如图 6.3-5 所示。

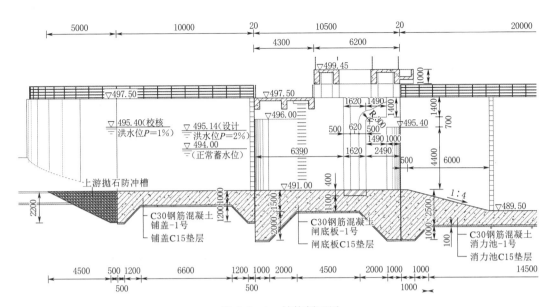

图 6.3 - 3 结构剖面图

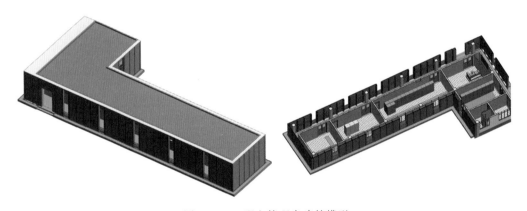

图 6.3 - 4 配电管理房建筑模型

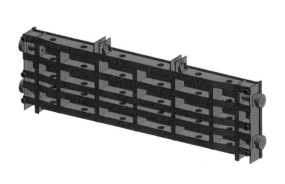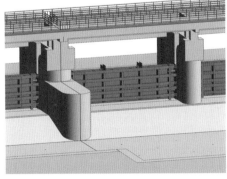

图 6.3 - 5 闸门族及其布置

（5）有限元分析。在水闸的设计过程中，采用有限元法，对传统公式法的计算结果进行验证，更好地为设计及校核提供依据，计算结果如图 6.3－6 所示。

6.3.3 工程量统计

Revit 可以自动准确地计算出所建模型的工程量，模型一旦被修改，工程量也随之自动更改，确保了工程量的准确无误。工程量统计表如图 6.3－7 所示。

6.3.4 BIM 应用成果与价值

设计过程中各专业通过 Vault 协同平台进行协同设计，使用参数化模块进行建模；采用 Navisworks 整合各专业模型，进行碰撞检测，避免设计的错、漏、碰、缺；通过模型直接剖切生成图纸并进行工程量统计，模型、图纸、

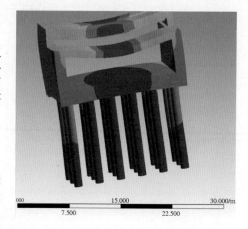

图 6.3－6 计算结果

工程量保持一致；利用三维模型进行施工图可视化交底，使施工、监理单位能够充分了解设计意图，减少施工配合的工作量。同时，BIM 模型也可以交付给建设方，为施工和运维阶段的 BIM 应用提供基础数据。

〈工程量表-闸墩〉		
A	B	C
项目	体积	合计
C25钢筋混凝土中墩	110.35 m³	1
C25钢筋混凝土中墩	110.35 m³	1
C25钢筋混凝土中墩	110.35 m³	1
C25钢筋混凝土中墩	110.35 m³	1
C25钢筋混凝土中墩	110.35 m³	1
C25钢筋混凝土中墩	110.35 m³	1
C25钢筋混凝土中墩	110.35 m³	1
C25钢筋混凝土中墩	84.98 m³	1
C25钢筋混凝土中墩	84.98 m³	1
C25钢筋混凝土中墩	84.98 m³	1
C25钢筋混凝土中墩	84.98 m³	1
C25钢筋混凝土中墩	84.98 m³	1
C25钢筋混凝土中墩	86.77 m³	1
C25钢筋混凝土中墩	84.98 m³	1
C25钢筋混凝土中墩	84.98 m³	1
C25钢筋混凝土中墩	84.98 m³	1
C25钢筋混凝土中墩	84.98 m³	1
C25钢筋混凝土中墩	84.98 m³	1
C25钢筋混凝土中墩	84.98 m³	1
C25钢筋混凝土中墩	86.77 m³	1
C25钢筋混凝土中墩	84.98 m³	1
C25钢筋混凝土中墩	120.37 m³	1
C25钢筋混凝土中墩	120.37 m³	1
C25钢筋混凝土中墩	47.24 m³	1
C25钢筋混凝土中墩	47.24 m³	1
总计：28	2581.23 m³	28

〈工程量表-闸底板〉		
A	B	C
项目	体积	合计
C25钢筋混凝土底板-1	571.50 m³	1
C25钢筋混凝土底板-1	20.70 m³	1
C25钢筋混凝土底板-1	24.25 m³	1
C25钢筋混凝土底板-2	563.55 m³	1
C25钢筋混凝土底板-2	19.43 m³	1
C25钢筋混凝土底板-2	22.76 m³	1
C25钢筋混凝土底板-3	563.55 m³	1
C25钢筋混凝土底板-3	19.43 m³	1
C25钢筋混凝土底板-3	22.76 m³	1
C25钢筋混凝土底板-4	563.55 m³	1
C25钢筋混凝土底板-4	19.43 m³	1
C25钢筋混凝土底板-4	22.76 m³	1
C25钢筋混凝土底板-5	289.72 m³	1
C25钢筋混凝土底板-5	9.98 m³	1
C25钢筋混凝土底板-5	11.69 m³	1
C25钢筋混凝土底板-6	563.55 m³	1
C25钢筋混凝土底板-6	19.43 m³	1
C25钢筋混凝土底板-6	22.76 m³	1
C25钢筋混凝土底板-7	563.55 m³	1
C25钢筋混凝土底板-7	19.43 m³	1
C25钢筋混凝土底板-7	22.76 m³	1
C25钢筋混凝土底板-8	563.55 m³	1
C25钢筋混凝土底板-8	19.43 m³	1
C25钢筋混凝土底板-8	22.76 m³	1
C25钢筋混凝土底板-9	571.50 m³	1
C25钢筋混凝土底板-9	20.70 m³	1
C25钢筋混凝土底板-9	24.25 m³	1
总计：27	5178.64 m³	27

图 6.3－7 工程量统计表

6.4 泵站工程案例

6.4.1 案例概述

南水北调安阳市西部调水工程从南水北调中线总干渠 39 号口门配套工程管道末端的调节池中引水，通过输水管线和加压泵站，将南水北调优质水源输送至安阳市西部的殷都区、龙安区以及林州市等西部地区。

工程设梯级加压泵站 3 座，设计流量分别为 $2.66m^3/s$、$1.52m^3/s$ 和 $1.52m^3/s$，装机功率分别为 3360kW、3200kW 和 4000kW，泵站主要建筑物为 3 级，次要建筑物为 4 级，设计洪水标准为 30 年一遇，校核洪水标准为 100 年一遇。

泵站主要建筑物包括泵房、综合管理楼、进水池、厂区、出水管道等部分泵站图如图 6.4-1 所示。进水池设置在泵房上游侧，采用正向进水的方式。泵站主厂房位于出水池下游侧，采用干室整体型泵房，分为上、下两层。其中，下层为水泵层，内设水泵、管道及配套闸阀；上层为操作层。厂区建筑以适用、经济、美观为原则，因地制宜地突出特点，以实用为主，风格上庄重大方，室内环境适用、明快，室外配套健身文化设施，厂区进行景观绿化，力求为工作人员提供安全、舒适、方便的工作环境。

图 6.4-1 泵站图

6.4.2 BIM 应用内容

6.4.2.1 技术路线

对西部调水泵站进行 BIM 设计，主要技术路线为：测绘专业通过实测获取准确的地形信息，将数据导入 Civil 3D，生成现状场地模型；水工、建筑、电气专业使用 Revit 软件，完成各专业建筑物的建模并剖切模型生成二维图纸，进行设计评审交底、工程量统计，各专业根据需要链接其他专业的成果，保持设计的一致性；金结专业使用 Inventor 软件创建精细模型，并进行组装；最终将所有专业的模型导入 Revit 软件中进行碰撞检测，根据检测报告进行设计调整，防止错、漏、碰、缺；在 Lumion 软件中，进行三维模型渲染，制作三维动画视频。

6.4.2.2　主要应用内容

（1）建筑专业。建筑专业使用 Revit 软件直接进行泵房主体、管理楼的设计、建模和出图，无论是在方案比选阶段还是设计出图阶段，都比传统二维设计的方式更加直观和高效。泵站主体图如图 6.4-2 所示。

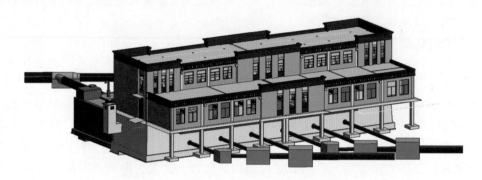

图 6.4-2　泵站主体图

（2）水工专业。水工专业使用 Revit 或 Inventor 软件进行设计，并基于模型进行二维出图；然后再将模型转化为 Revit 族文件与水工三维模型进行整合。水工三维模型图如图 6.4-3 所示。

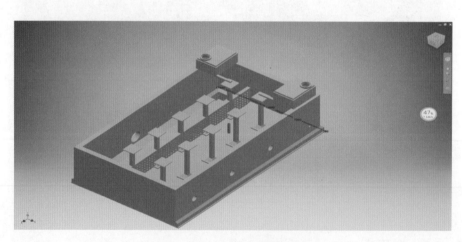

图 6.4-3　水工三维模型图

（3）电气专业。电气专业使用 Revit 软件进行设计，并在 Revit 软件中与建筑结构模型进行碰撞检测，根据检测报告进行设计调整，防止错、漏、碰、缺。电气结构图如图 6.4-4 所示。

（4）金结专业。金结专业使用 Inventor 软件创建精细模型，并在 Revit 软件中进行组装。金结模型图如图 6.4-5 所示。

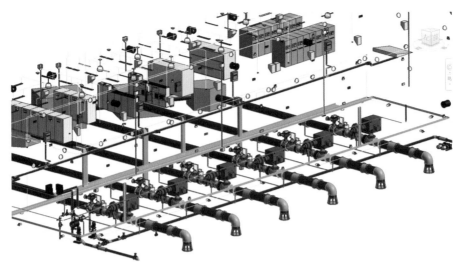

图 6.4-4 电气结构图

图 6.4-5 金结模型图

6.4.2.3 二维出图

基于 BIM 模型数据，通过 Revit 或 Inventor 软件，自动地生成二维设计图。设计变更时，只需对设计模型进行修改，相关的二维图纸都可以随之自动地进行修改，这就避免了疏漏，从而可以提高设计质量。

6.4.2.4 工程量统计

Revit 软件可以自动准确地计算出所建模型的工程量，模型一旦修改，工程量也随之自动更改，确保了工程量的准确无误。工程量统计如图 6.4-6 所示。

6.4.2.5 三维动画

将 BIM 三维模型数据导入 Lumion 软件，根据实际场景的情况，赋予模型相应的材质、灯光、配景等资源，设定视点和漫游路径，展示方案整体布局、主要空间布置以及重要场景。三维动画的外部和内部情况分别如图 6.4-7、图 6.4-8 所示。

<墙明细表>				
A	**B**	**C**	**D**	**E**
类型	合计	体积	厚度	长度
1号泵房基础墙600	1	165.09 m²	600	48500
1号泵房基础墙600	1	35.26 m²	600	10400
1号泵房基础墙600	1	163.06 m²	600	48100
1号泵房基础墙600	1	33.22 m²	600	10400
1号泵房墙200mm	1	15.15 m²	200	10600
1号泵房墙200mm	1	7.24 m²	200	6000
1号泵房墙200mm	1	14.09 m²	200	10600
1号泵房墙200mm	1	6.53 m²	200	8400
1号泵房墙200mm	1	1.06 m²	200	1000
1号泵房墙200mm	1	6.15 m²	200	8200
1号泵房墙200mm	1	5.78 m²	200	8200
1号泵房墙200mm	1	6.08 m²	200	8200
1号泵房墙200mm	1	6.15 m²	200	8200
1号泵房墙200mm	1	6.00 m²	200	8200
1号泵房墙200mm	1	7.20 m²	200	8200
1号泵房墙200mm	1	4.88 m²	200	6100
1号泵房墙200mm	1	6.83 m²	200	7400
1号泵房墙200mm	1	48.90 m²	200	42000
1号泵房墙200mm	1	4.52 m²	200	5700
1号泵房墙200mm	1	4.42 m²	200	5500
1号泵房墙200mm	1	4.42 m²	200	5500
1号泵房墙200mm	1	5.34 m²	200	6550
1号泵房墙200mm	1	0.11 m²	200	200
1号泵房墙200mm	1	2.93 m²	200	3950
1号泵房墙200mm	1	4.42 m²	200	5500
1号泵房墙200mm	1	4.42 m²	200	5500
1号泵房墙200mm	1	4.51 m²	200	5600
1号泵房墙200mm	1	34.38 m²	200	25550
1号泵房墙200mm	1	29.44 m²	200	22460

图 6.4－6 工程量统计

图 6.4－7 三维动画图（外部）

图 6.4－8 三维动画图（内部）

6.4.3　BIM 应用成果与价值

设计过程中各专业建模通过 Revit 或 Inventor 软件进行设计，根据需要链接其他专业的成果，以保持设计的一致性；进行碰撞检测，避免设计的错、漏、碰、缺；通过模型直接剖切生成图纸、进行工程量统计，模型、图纸、工程量保持一致；利用三维模型进行施工图可视化交底，使施工、监理单位能够充分了解设计意图，减少施工配合的工作量。将 BIM 三维模型数据导入 Lumion 软件，制作三维动画，展示设计方案、空间布置以及重要场景。

6.5　水环境治理工程

6.5.1　案例概述

2019 年，为践行长江大保护战略，南京市江北新区启动长江岸线建设，岸线总长 26km。绿水湾湿地建设被列入三期工程，全长 12km。绿水湾湿地公园（图 6.5-1）位于南京市江北新区长江岸线滩面，占地面积 15.82km²，是江北新区重要的生态门户，也是"江-城-山"空间关系中的重要界面，同时也是南京市九大城市客厅之一。

该项目时间紧、任务重，涉及内容广、专业多，为了在参建方要求的时间内完成工作任务，BIM 技术的应用为解决基础资料短缺、提高设计质量及效率、提升汇报展示水平提供了重要保障。

图 6.5-1　绿水湾湿地公园

6.5.2　BIM 应用策划

6.5.2.1　BIM 应用目标

项目以"水资源、水生态、水环境、水安全、水文化"五水共治为要求（图 6.5-2），建成了长江沿线首屈一指的长江洲滩型国家城市湿地公园，为区域生态环境作出了贡献，在稳定生态环境、涵养水源、蓄洪排涝、调节小气候等方面起到了积极作用。在保护江滩湿地自然资源方面，树立了国家和区域长江江滩地保护的典范，不仅展示了湿地公园特有的自然生态风貌，也展示地区生态文明建设的成效。

水资源	水生态	水环境	水安全	水文化
水面率保障 生态需水量 水系连通	退渔还湿 生态保护和保育 特征物种保护	污染物控制与削减 水质保障 蓝绿空间优化升级	行洪安全 涉河建设控制	长江大保护宣教 地理与文化演变 生态研究与科普

图 6.5-2　项目建设要求

根据项目的技术特点和难度，确定 BIM 应用目标如下：

（1）在现场踏勘及前期测量阶段，通过无人机倾斜摄影和水下地形测量等技术进行基础数据采集，解决项目占地面积大、基础条件差，水上水下地形复杂，调查难度大等问题。

（2）利用 Civil 3D 进行场地布置，合理安排水域的开合变化，以及洲、桥、溪、岛、堤等的布局与形态；分区域计算挖填方量，规避了长距离、大范围的土方调运情况，该施工简单易行，能降低工程投资，优化土方外运，紧密贴合保护城市生态环境的背景。

（3）基于 BIM 协同设计，实现各专业间的数据交换，将传统的串行设计转变为并行设计。各专业间 BIM 模型与二维图纸动态关联，方案变更时，可实现二维图纸快速更新，有效地提高设计效率。

（4）随着项目的推进，积累数据全面精准的数字资产，为实现工程全生命周期服务创造可能，对类似项目的设计和运行管理具有重要指导意义。

6.5.2.2　BIM 总体思路及解决方案

BIM 总体思路是以 Autodesk 三维设计系列软件为主平台，辅以三维实景模型、GIS、Madis GTS、Mike21 和后期三维仿真等软件，形成联合解决方案。

主要建模软件有 Civil 3D、Revit 和 Inventor，此外，采用无人机倾斜摄影和水下测量完成基础数据采集，并利用 SuperMap 进行数据融合；结构分析采用 Madis GTS，水动力计算分析采用 Mike21，后期三维仿真及效果制作采用光辉城市 Mars 软件。

6.5.3　BIM 应用内容

6.5.3.1　基础数据采集

由于项目占地面积大、区域规划繁杂多样，且基础条件差，需要调查的内容多，水上水下地形复杂等原因，采用传统方式进行基础条件分析的准确性和完整性均难以保证。通过无人机倾斜摄影和水下地形测量等技术进行基础数据采集，并高精度还原项目区场地，以三维实景模型的形式展示，方便对现场情况不熟悉的设计人员直观、全面地了解工程情况，从而进行场地布置的方案设计。倾斜摄影数据如图 6.5－3 所示。

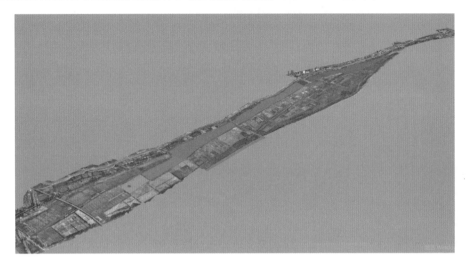

图 6.5－3 倾斜摄影数据

6.5.3.2 数字模型构建

将 DOM、DEM、水下地形在统一坐标系下进行数据融合及集成应用，实现大场景地形地貌巡视漫游、模型及多媒体的叠加查询。数据融合及集成应用如图 6.5－4 所示。

图 6.5－4 数据融合及集成应用

通过数据融合形成的三维实景模型，可实现高程、距离、面域的量测，以及任意位置的断面剖切，快速生成断面图。同时，快速便捷地提供给设计人员具体节点的相关数据与周边情况，进而优化设计方案。三维实景模型如图 6.5－5 所示。

6.5.3.3 场地布置

项目设计中的水网布局、引蓄水及分流控制、水陆交通及生境营造等环环相扣，同时

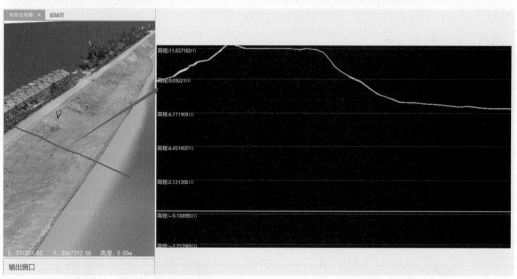

图 6.5－5　三维实景模型

关联到水动力条件、水质条件、水位水深条件的分析验证以及环境影响和经济效益相关的土方平衡控制，要求多专业协同设计和广泛地调试优化，采用传统二维平面设计模式存在工作量大、效率低、验证性差等难以克服的问题。

利用数据融合模型直接导入 Civil 3D 生成原始曲面并应用于 Civil 3D 生成设计曲面，与生境营造有机结合，合理安排水域的开合变化，以及洲、桥、溪、岛、堤等的布局与形态。场地布置如图 6.5－6 所示。

设计过程中直观地展示淹没区和非淹没区的动态关系，保证设计水面率，实现水系连

图 6.5-6 场地布置

通，同时反映多样化水深及环境条件，为后续的水上交通组织提供基础。动态展示淹没区与非淹没区关系如图 6.5-7 所示。

6.5.3.4 道路设计

分级构建绿水湾公园内的道路交通系统，充分利用现状道路，合理设置交通路网密度。以 Civil 3D 为主要设计软件，进行参数化建模，完成由概念设计向 BIM 模型的转化。道路设计如图 6.5-8 所示。

6.5.3.5 土方平衡

该项目具有区域规划复杂、场地布置方案需不断优化、时间节点紧、传统挖填方量统计方法效率低下的特点。应用 Civil 3D 快速计算各功能区域挖填方量，并且与方案模型动态关联，可快速提供挖填方量，为土方平衡及后续土方调配方案比选提供依据。土方平衡设计如图 6.5-9 所示。

分区域计算挖填方量，规避了长距离、大范围的土方调运情况，使得施工简单易行，降低了工程投资，优化了土方外运方式。分区挖填方量计算如图 6.5-10 所示。

6.5.3.6 水动力分析

本项目岛屿、垛田繁多，传统方式利用二维设计图生成散点、线状边界，再构建网格进行水动力模型计算，该方式的工作量大且边界难以识别、效率很低。利用 BIM 三维模型可直接导出三角网，将其作为水动力计算的网格，该方式有效地提高了水文计算预处理的工作效率。水动力分析如图 6.5-11 所示。

建立 Mike21 模型进行分析计算，得到水位、水深、流速、水质分布和动态分析等数数据，为方案优化、工程建设、运行调度提供支撑和依据。Mike21 分析计算如图 6.5-12 所示。

6.5.3.7 三维仿真

应用光辉城市 Mars 软件，加载倾斜摄影、激光点云、BIM 模型等多源异构数据，实

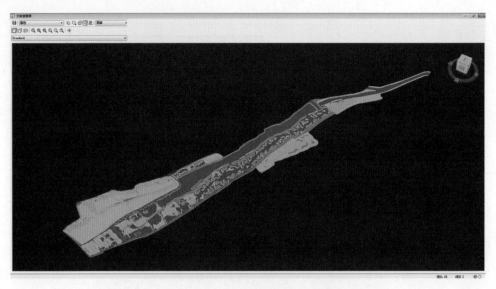

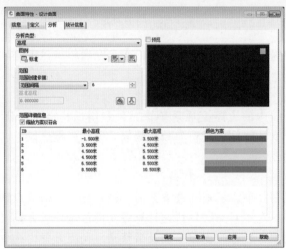

图 6.5-7 动态展示淹没区与非淹没区关系

现真实周边场景快速还原，提升汇报展示水平，增强参建方对方案的认可度。三维效果如图 6.5-13 所示。

6.5.4 BIM 实施保障

6.5.4.1 规章制度

BIM 规章制度的建立保证了组织管理架构的合理高效运行，同时也使得生产流程体系更加完善可靠，为 BIM 设计规范化以及 BIM 设计在全院各项目的全面推进起到了重要作用。可根据应用的范围以及深度，制定公司级、项目级和专业级的规章制度。

6.5.4.2 组织架构

水环境治理工程 BIM 组织架构分为 3 个层级：BIM 项目管理人员、BIM 专业管理人员和 BIM 工程设计人员。

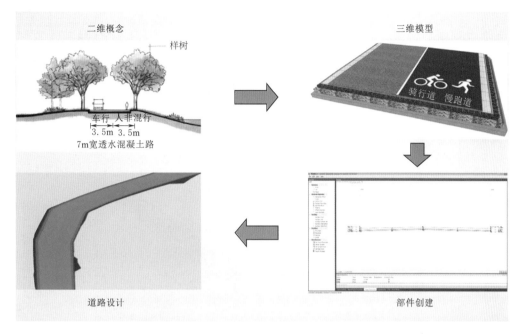

图 6.5-8　道路设计

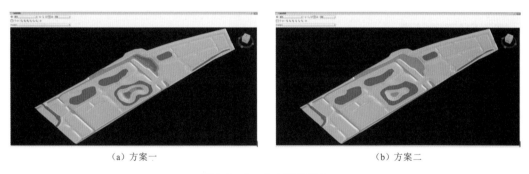

（a）方案一　　　　　　　　　　　　　　（b）方案二

图 6.5-9　土方平衡设计

（1）BIM 项目管理人员包括项目经理、项目总工程师。

（2）BIM 专业管理人员包括 BIM 中心负责人、勘测 BIM 负责人、水工 BIM 负责人、建筑 BIM 负责人和景观 BIM 负责人。

（3）BIM 工程设计人员包括 BIM 中心、测量专业、地质专业、水工专业、建筑专业和景观专业等相关部门和专业的工程设计人员。

6.5.4.3　技术培训

为推动 BIM 技术在水环境治理项目中的应用，可定期举办 BIM 技术应用培训，供广大员工学习和交流。同时，针对项目不同岗位人员，从项目管理、专业协同、基础建模 3 个层面进行 BIM 技术应用培训，以提高整体培训效果。

6.5.4.4　奖惩机制

（1）设计人员。为帮助广大员工学习掌握 BIM 技术，对新入职的员工进行 BIM 技能

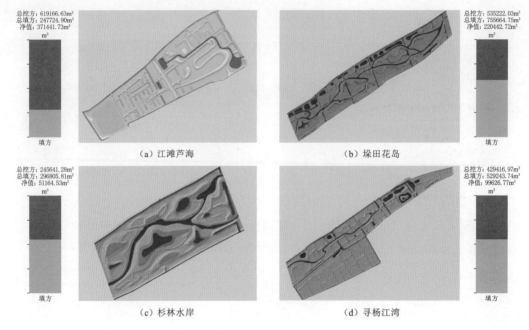

总挖方：619166.63m³
总填方：247724.90m³
净值：371441.73m³
m³

填方

（a）江滩芦海

总挖方：535222.03m³
总填方：755664.75m³
净值：220442.72m³
m³

填方

（b）垛田花岛

总挖方：245641.28m³
总填方：296805.81m³
净值：51164.53m³
m³

填方

（c）杉林水岸

总挖方：429416.97m³
总填方：529243.74m³
净值：99626.77m³
m³

填方

（d）寻杨江湾

图6.5-10 分区挖填方量计算

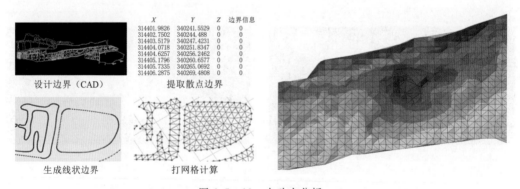

设计边界（CAD）　　提取散点边界

生成线状边界　　打网格计算

图6.5-11 水动力分析

培训并进行相关考核，取得认证证书后方可转正。

（2）公司考核。为加快推进三维设计工作，各生产部门设1～2名BIM专员，负责该部门的BIM技术应用。此外，对各部门的BIM技术项目应用指标及成果进行考核，并纳入年度最终考核目标。

6.5.5 BIM应用成果

（1）采用无人机倾斜摄影和水下地形测量等技术进行基础数据采集，以三维实景模型的形式展示，方便设计人员更直观、全面地了解项目现状，为后续设计提供基础数据。

（2）通过数据融合形成的三维实景模型，快速便捷地为设计人员提供项目周边情况与具体节点的相关数据，进而优化设计方案。

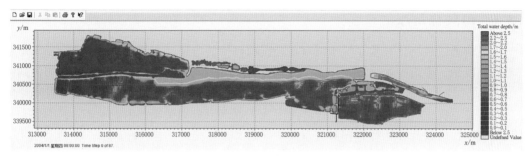

（a）方案一

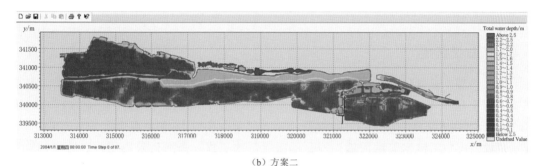

（b）方案二

图 6.5-12 Mike21 分析计算

注：横纵坐标轴为北京 1954 坐标系坐标数值。

图 6.5-13 三维效果

（3）充分发挥 Civil 3D、Revit 等设计软件的自身特点，在场地布置、道路设计、景观设计等设计工作中开展三维协同设计，以提高设计效率和质量。

（4）该项目具有区域规划复杂，场地布置方案需不断优化，时间节点紧，传统挖填方量统计方法效率低下等特点。应用 Civil 3D 软件可快速计算各功能区域的挖填方量，并且可与方案模型动态关联，便于快速提供挖填方量，为土方平衡及后续土方调配方案提供依据。

（5）针对本项目设计方案中岛屿、垛田繁多的情况，利用 BIM 三维模型可直接导出三角网作为水动力计算的网格，该方式有效地提高了水文计算预处理的工作效率，解决了传统方式工作量大且边界难以识别、效率低的问题。

6.5.6　BIM 应用总结

本案例通过数字化技术在绿水湾湿地公园项目中的应用，有效地提高了设计质量。项目采用多视角、多维度的方式展现设计成果，为参建各方提供一个快捷、高效的沟通平台，是 BIM 技术推进过程中数字化应用的一个试点项目。随着项目推进，BIM 技术必将会为参建各方提供更有利的技术支撑，为实现工程全生命周期服务创造可能，且对类似水环境治理项目的设计和运行管理具有重要指导意义。

6.6　引调水工程案例

6.6.1　工程概述

引江济淮工程是长江下游向淮河中游地区跨流域补水的重大水资源配置工程，是国务院确定的全国 172 项节水供水重大水利工程的标志性工程。工程主体输水河道总长 1089km，总调水流量 300m³/s，总投资 912.7 亿元。引江济淮工程为Ⅰ等大（1）型工程，建设内容包括输水航运河道工程、枢纽建筑物工程、跨河建筑物工程、跨河桥梁工程、渠系交叉建筑物工程以及影响处理工程等。

6.6.2　BIM 应用内容

引江济淮工程 BIM 技术应用建设目标主要为建设"五个一"工程，即一套管理办法、一套标准、一个平台、一套决策数据、一个数字工程。具体来讲，即是为引江济淮工程编制一套 BIM 和数字化实施的技术标准体系，研发一个供所有参建方协作参与的 BIM 智慧化管理平台，建立一套基于 BIM 和数字化技术的工程建设管控体系；伴随着工程的建设和竣工，最终形成"数字引江济淮"，积累数据全面而又精准的数字资产。

6.6.3　实施保障

为了保证工程的顺利实施，BIM 工作对应合同根据阶段成果予以一定的支付比例的支持。

6.6.4　BIM 培训方案

（1）培训内容与形式。在项目各阶段承包方须向业主方、施工方、监理方提供多次 BIM 技术培训服务，并对相关内容及时答疑，培训内容主要涵盖 BIM 基础、BIM 应用标准以及 BIM 技术应用总体方案，以便各方人员掌握模型浏览以及简单操作技能。培训采取面授与实际操作相结合的方式。

（2）培训考核。要求相关人员能够掌握模型浏览及简单操作技能；能够对提交的模型信息进行复核，实际工作中能够进行过程模型验收；能够掌握建模、模型展示、信息更新及外部信息挂接等应用技能。考核结果计入各方人员工作绩效考核。

6.6.5 BIM 实施应用

（1）BIM 技术标准体系。引江济淮工程建设期技术应用主要包括：BIM 技术标准体系、BIM 模型应用、BIM 管理平台等，如图 6.6-1 所示。

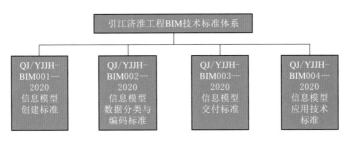

图 6.6-1　引江济淮工程 BIM 标准体系

（2）BIM 管理平台。引江济淮工程（安徽段）BIM 管理平台主要为工程建设期参建各方提供基于 BIM 的进度、质量、安全、资金、合同、设计成果等数字施工管理业务，以有效集成各类业务数据、实现可视化的数据资源共享，如图 6.6-2 所示。

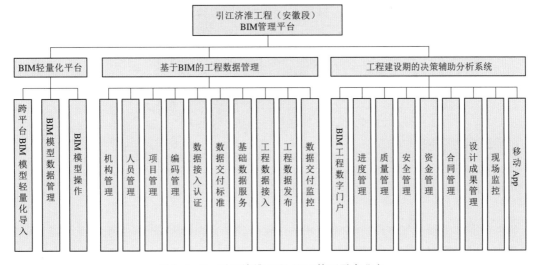

图 6.6-2　引江济淮工程 BIM 管理平台业务

1）模型应用。跨平台 BIM 模型轻量化导入包括：①模型轻量化转换；②模型轻量化可控导出；③大体量 BIM 模型处理及基于浏览器的加载渲染。图 6.6-3 为平台 BIM 模型。

2）BIM 模型数据管理。支持类型、空间、系统等多种模型组织，BIM 数据采用结构化形式存储。同时，在 BIM 轻量化平台中，支持构件属性编辑及扩展、构件名称模糊检索及依照构件属性检索。

3）BIM 模型操作。支持依照多视图实现按需加载、视点定义，支持二维、三维视角联动与批注，支持三维精准剖切、三维捕捉的测量、沿路径沉浸式漫游。图 6.6-4 为三维漫游示例。

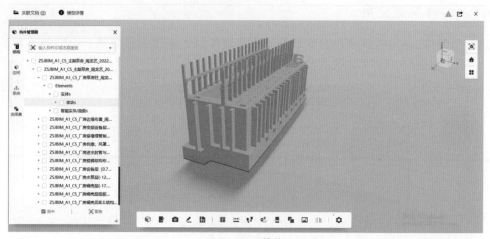

（a）MicroStation模型

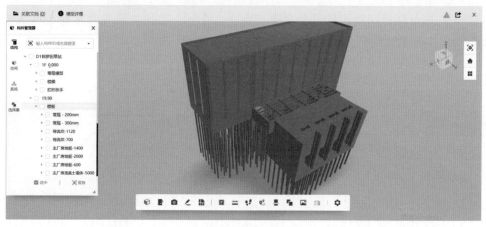

（b）Revit模型

图 6.6-3　平台 BIM 模型

引江济淮工程（安徽段）BIM 管理平台软件包括：BIM＋GIS 平台引擎工程建设期数字门户、进度管理、质量管理、安全管理、资金管理、合同管理、设计成果管理、现场监控、移动 App 等应用，建立相应的基础数据库和工程数据库。管理平台利用各业务应用搜集或监测的数据，梳理出与工程相关的关键性指标和信息，通过"管理驾驶舱"的形式以图表、表格的方式进行数据可视化展现。

6.6.6　BIM 应用成果

引江济淮工程（安徽段）BIM 管理平台开发，以工程数字模型为基础，集成工程参建各方各类有效工程信息数据，基于 BIM＋GIS 技术全面形象地展示引江济淮工程的纵向长度与横向广度，实现基于 GIM＋GIS 的工程进度管控、质量追溯、安全监控、竣工交付等应用目标，为工程全生命期各阶段提供业务决策支持服务（图 6.6-5 和图 6.6-6）。该平台的上线提升了引江济淮工程信息化管理水平，是工程全生命周期可视化数据展现的

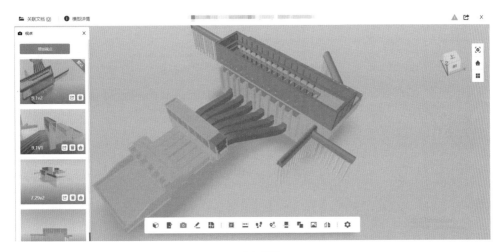

（a）示例一

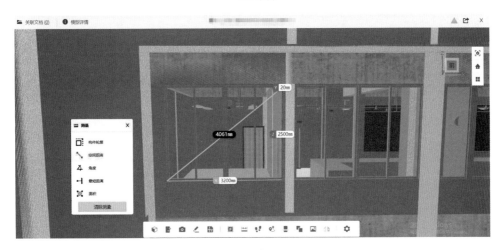

（b）示例二

图 6.6-4　三维漫游

里程碑，其 BIM 轻量化平台、基于 BIM 的工程数据管理系统和工程建设期的决策辅助分析系统为今后工程 BIM 的应用起到了良好的示范作用。

6.6.7　总结与展望价值

随着信息化技术的不断发展，如何借助信息化技术实现监测数据的可视化和高效管理，逐渐成为一种需求和趋势。而通过 BIM 和 GIS 的融合有利于工程建设的信息监管，是未来工程建设信息化的发展方向之一。但在工程具体应用中，仍然存在若干难点，例如，如何将 BIM 数据接入到 GIS 平台，如何实现 BIM 模型轻量化以及多终端支持应用等。随着 BIM 技术推广应用的相关政策和项目不断落地，BIM 技术的应用不断向深度和广度两个方向延伸发展，BIM 与 GIS 技术集成的应用将在未来工程建设和管理中越来越多的呈现。

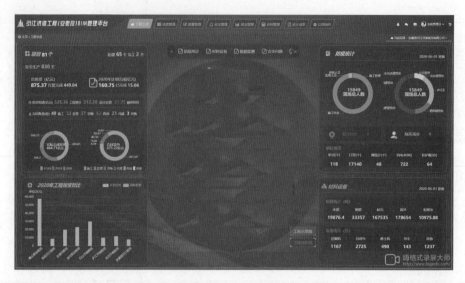

图 6.6-5 管理平台

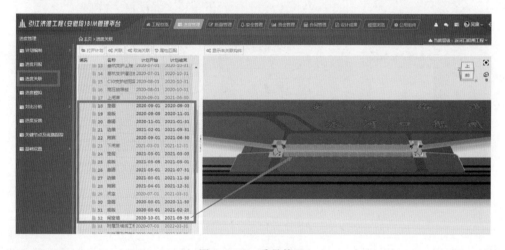

图 6.6-6 质量管理

6.7 拱坝工程案例

6.7.1 工程概述

6.7.1.1 项目概况

三河口水利枢纽是陕西省引汉济渭工程的调蓄中心，是引汉济渭工程的两个水源工程之一。引汉济渭工程是陕西省境内的跨流域调水工程，工程设计年调水规模为 15 亿 m^3，主要解决供水范围内的城市生活、工业生产用水问题，为国务院确定的 172 项重大水利工程中的重点项目。

引汉济渭工程地跨汉江、渭河两大流域，由位于汉江干流的黄金峡水利枢纽、支流子午河的三河口水利枢纽以及穿越秦岭的秦岭输水隧洞三大部分组成。引汉济渭工程总体平面示意如图 6.7-1 所示。

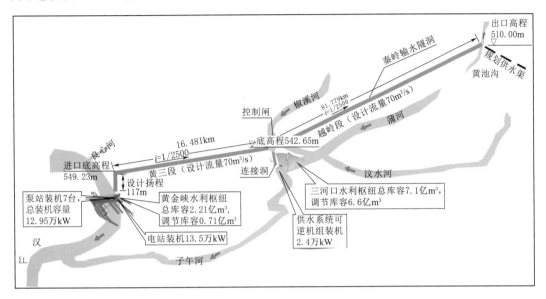

图 6.7-1 引汉济渭工程总体平面示意图

三河口水利枢纽由大坝、泄洪消能、坝后供水系统、连接洞等工程组成（图 6.7-2）。大坝为碾压混凝土双曲拱坝，最大坝高 141.5m，总库容 7.1 亿 m^3，调节库容 6.6 亿 m^3，正常蓄水位 643m，死水位 558m。供水系统设两台水泵，抽水设计流量 18m^3/s；两台水轮机组装机容量 4.0 万 kW，并设两台减压调流阀，设计流量 31m^3/s。工程总工期 54 个月，总投资 52 亿元。

6.7.1.2 应用目标

本工程项目技术复杂，涉及专业种类众多，多项技术指标处于国内领先水平。工程采用的抛物线型双曲拱坝是国内排名第二的高碾压混凝土拱坝，地形地质条件复杂，为满足工程泄洪和兴利的需要，坝身建筑物集中，空间布置及设计计算工作量大。同时，工程设计采用了抽蓄机组和常规水轮发电机组共用厂房方案，机电设备众多，适合利用 BIM 技术解决工程设计中的技术问题，以提高设计效率。根据项目的技术特点和难度，确定应用 BIM 技术以达到下列应用目标：

（1）提升设计质量。本工程为国内重大基础建设项目，BIM 技术在本项目的应用主要在设计阶段，包括地形及地质、水工、金结、机电、建筑、三维协同设计、工程量统计等，力求以 BIM 技术解决二维设计难以实现的设计质量提升问题。

（2）提高设计效率。在 CATIA 平台上建立模板库、开发相应的参数化模板，来缩短建模时间，提高建模效率，提高方案比选和工程布置设计效率。

（3）进入生产实际应用。利用 BIM 模型深化工程设计，将 BIM 的三维设计成果形成二维深化施工图，促进 BIM 技术解决设计工作中的实际问题。

图 6.7 - 2　三河口水利枢纽效果图

（4）跨平台使用。由于水电项目专业的复杂性，不同专业采用了不同的 BIM 软件，将统一的 VPM 平台作为协同平台，解决跨平台的协作问题。

（5）建立 BIM 设计标准。根据 BIM 设计特点及水利工程勘察设计工作要求，探索设计流程及方式的变化，规范勘察设计工作内容和出案成果，编制 BIM 设计标准。

6.7.2　BIM 应用特点与技术路线

6.7.2.1　BIM 应用特点

总体应用平台采用了达索公司开发的在线协同的 VPM CATIA 系统，该系统适应了水电枢纽工程专业众多、数据量大、协同工作复杂的特点。本次应用建立了完整专业的 BIM 模型，涵盖地形、地质、大坝、水道、厂房、建筑、水机、电气、金结、施工、道路各个专业。通过运用 BIM 技术，在模型的应用过程中针对设计中的重点、难点进行模拟，寻找更加合理的设计解决方案。三维模型为二维图纸提供了审核与校验，并为二维图纸的深化设计提供帮助。本次 BIM 设计，将机电设备模型与 BIM 模型整合在一起，解决了厂房设计中常见的碰撞问题，并对重要管线进行了优化设计。

利用 CATIA 系统中的骨架理论来创建模型，化繁为简，有序地将枢纽分解为具有相应功能的部分，有效地通过总骨架控制下一级骨架，来驾驭相应的模型，实现不同布置方案的快速调整和布置变化。

通过参数化模板的批量实例化和标准件库的建立，可以快速得到实际的模型，大大提高了建模的效率，并且模板的定义具有一定的通用性，可以在类似的工程中得以继续应用。

设计人员在同一平台协同工作，便于及早发现空间上位置矛盾等低级失误；局部复杂节点的精细化建模，便于准确理解设计意图。在设计工作中充分应用 BIM 建模的数据和模型，将体型设计和结构有限元计算相结合，减少有限元计算的建模工作量。

6.7.2.2　技术路线

在本项目开始实施前，先行制定了完整的 BIM 实施方案，并结合项目自身特点，制定建模标准和流程，配置平台上建模的环境。首先，将各专业分门别类，建立项目及各专业的 VPM 平台角色，包括设计角色、管理角色、审核角色等，在 VPM 平台上实现各专业协同，摆脱烦琐的线下协同。其次，将项目进行拆分，分配不同人员、不同的权限和任务，在统一平台上进行信息模型的搭建和管理。

根据枢纽区范围完成地形及地质的处理搭建所需的基础应用条件，确定土建布置和控制点，形成骨架控制后提交下游专业。利用 CATIA 软件的模板功能进行设备和单体建筑的模型创建，并导入企业自主开发的参数化设备模型库，快速拼装完成工程建筑物体型设计。建筑、结构设计人员根据骨架和控制资料，使用 CATIA 软件同步进行 BIM 设计，完成设计后导入总体模型中，进行项目的协同设计。

地质条件是工程设计开展的基础，传统工作中地质提供给设计的图件资料均为二维资料，如工程地质平面图、工程地质剖面图，地质信息主要集中在勘探点、剖面线上，对整体地质信息是以代表性的点、面来描述的，点、面以外的地质信息描述多以定性评价为主，地质信息在空间分布上不连续，缺乏定量评价。

在 BIM 三维协同设计中，设计专业对传统的地质工作提出了新的要求，要求工程区域内的地质信息是连续的，每一个点的地质信息都可以精确的表达，如断层的确切空间展布等，因此地质工作也必须进行相应的改变，建立地质三维模型，以便融入三维协同设计的过程中。

地质体具有不规则性、不确定性等特征，采用 GOCAD 软件的离散光滑插值（DSI）技术能较好地解决地质建模问题，因此在 BIM 设计过程中，地质专业采用 GOCAD 软件进行单独的地质建模，生成 CATIA 格式的数据并提交给下游设计专业。将 GOCAD 软件中建立好的模型转换为 CATIA 格式时，转换并不会改变地质内容的三维空间信息，能确保地质内容的一致性及准确性。图 6.7 - 3 为三河口水利枢纽 BIM 设计结构分解示意图。

水工专业建立专业的模板库、开发参数化的模板，利用骨架及模板化的方式进行水工建筑物单体设计，快速完成建筑物布置三维设计方案。利用完成的建筑物体型设计 BIM 模型和地质模型提供的风化情况完成拱坝及枢纽其他建筑物的开挖设计。大坝设计利用 CATIA 软件强大的曲面设计能力，按水工设计的习惯，根据曲线方程形成拱圈，拟合形成抛物线型拱坝坝体，通过 BIM 软件求出曲面交线、确定设计尺寸，减少了手工计算工作，大大提高了设计效率。

建筑、结构设计人员根据工程布置方案，在 VPM 平台上同步进行 BIM 设计，并将需要计算的三维模型导入 ANSYS 软件中，进行结构的三维有限元计算。将 BIM 模型导入 Simulation CFD 中完成 CFD 数据模拟以及气流通风模拟，以减少常规计算工作。

水机专业设计利用设备模板库和管路模板库，根据工程总体控制的空间位置、尺寸，进行设备及管路的布置。金属结构专业通过设计流程，依据金结设备的控制条件，拟定闸门、埋件、启闭机设计尺寸，使用参数化方法进行闸门设计，并直接利用 CATIA 软件的绘图功能，进行二维图纸的出图。电气专业通过从 VPM 平台导出的水工建筑物布置方案

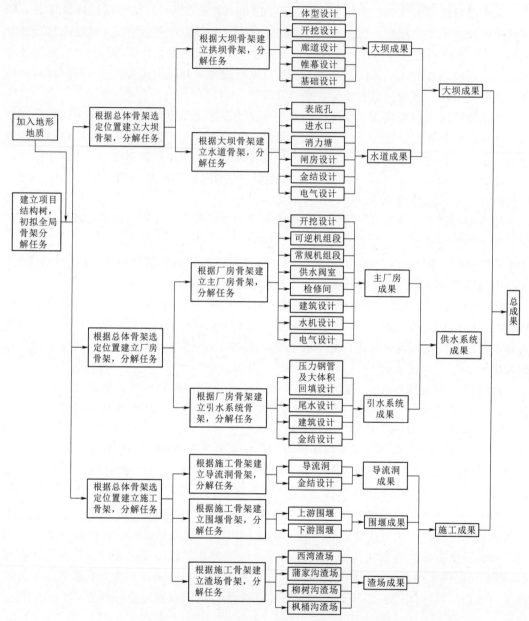

图 6.7-3　三河口水利枢纽 BIM 设计结构分解示意图

的三维模型，采用博超 BIM 电气设计软件进行设计，完工后导入 VPM 中进行总体拼装。
在对模型进行碰撞检查、虚拟漫游的过程中，在未进行施工时优化机电布置，以减少设计
误差、节约施工周期与成本。水工专业在建筑物体型确定后，利用长江勘测规划设计研究
院有限公司开发的三维配筋软件进行配筋图设计，设计生成的二维图纸通过 CAD 软件进
行出图。

6.7.3 主要应用内容

6.7.3.1 测量成果处理

主要是利用地形图导入地形的点云（图 6.7 - 4），将点云处理成 mesh 面，并进行缺陷处理。采用 mesh 面和将 mesh 面优化为曲面的连续曲面进行开挖等设计工作（图 6.7 - 5）。

图 6.7 - 4　点云导入示意图

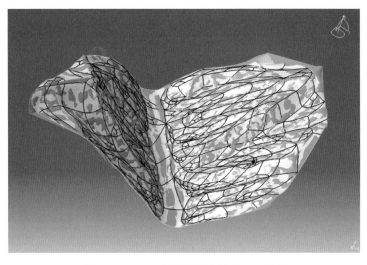

图 6.7 - 5　mesh 转换为连续曲面示意图

6.7.3.2 地质专业

利用 GOCAD 软件将地质勘察的原始资料导入 GOCAD 软件中，通过软件分析完成地质模型的建立，并根据水利工程的特点建立了风化模型和吸水率模型，满足了大坝设计需要，地质模型示意图如图 6.6 - 6 所示。

三河口水利枢纽坝址区位于变质岩地区，断层构造发育，岩性多变，三维地质建模工

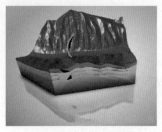
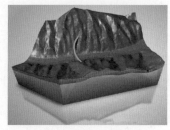

（a）岩体透水率三维模型　　　（b）风化带三维模型　　　（c）整体地质模型

图 6.7-6　地质模型示意图

作较为复杂。岩体风化关系着建基面的开挖深度，是地质建模的一个重点，由于岩体风化的数据主要来源于勘探点，将勘探点数据导入 GOCAD 软件，利用这些勘探点的风化数据，即可生成枢纽区的岩体风化界面三维空间分布，该界面在勘探点处与勘探数据完全吻合。水工使用地质模型可以明确地质结构面和风化等情况，无需地质专业给水工专业提供地质剖面，因而能有效地提升设计效率。

6.7.3.3　总体布置

水利枢纽工程开始设计时，先确定工程设计相关的总体布置，然后通过分析比较确定各建筑物的相对位置关系，最后在 ENOVIA VPM 平台上划分总体产品结构树，如图 6.7-7 所示。项目的三维设计协同通过自上而下的骨架设计来实现，骨架是在项目的坐标系统下进行设计的，其包含整个工程的关键定位元素（轴线、关键控制面等），控制各个建筑物之间的相对位置关系，自上游向下游传递设计数据。所有的三维模型都是基于骨架进行设计的，当骨架发生修改时，模型就会自动作出相应的更改，所以骨架设计是整个工程定位和布置的关键。三河口水利枢纽的骨架设计以大坝为中心，先确定大坝轴线和顶点，再根据水利工程设计特点确定泄洪中心线、二道坝轴线、进水口中心线、厂房轴线、导流洞中心线、上下游围堰轴线等内容，最后进行单体建筑物的设计，枢纽布置图如图 6.7-8 所示。

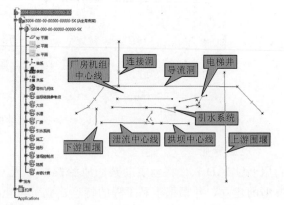

图 6.7-7　总体产品结构树和枢纽骨架设计图

6.7.3.4 开挖

根据风化的地质模型和地形曲面模型，采用断面法进行开挖设计，通过布尔计算完成开挖的计算，形成开挖面。

6.7.3.5 拱坝设计

利用 CATIA 软件强大的曲面设计能力，将拱坝设计按参数化设计方法处理，并采用设计的曲线方程，分 8 层建立曲线方程，利用 Excel 表将方程的参数输入 CATIA 软件中，由曲线拟合形成大坝体型，可以实现参数化动态调整复杂的三河口抛物线双曲拱坝体型设计。

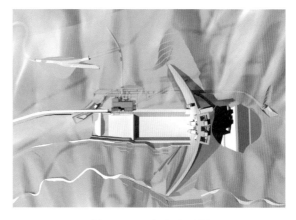

图 6.7-8 枢纽布置图

6.7.3.6 水道设计

采用自上游向下游的设计过程，遵循概念设计、结构设计、详细设计的设计顺序，即在零件设计的初期就需要考虑零件与零件之间的约束和定位关系，在完成产品的整体设计后，再实现单个零件的详细设计。泄洪表底孔骨架和大坝关系图如图 6.7-9 所示。

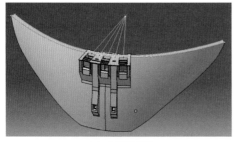
（a）上游侧视图

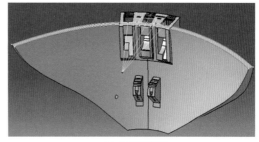
（b）下游侧视图

图 6.7-9 泄洪表底孔骨架和大坝关系图

6.7.3.7 厂房设计

电站厂房设计所需协同的专业较多，主要包括水机、电气、金结、建筑等专业。电站（泵站）厂房纵剖面如图 6.7-10 所示，由图可知，在同一个产品树下可以布置其分支产品结构，利用骨架发布的核心元素去布置各专业内容，产品结构树的组成形式为"骨架＋水工建筑物分产品＋其他专业分产品"，各专业最终通过 ENOVIA 协同平台设计专业工作。

通过全局骨架（S004-000-00-00000-00000-SK）中发布的电站厂房机组中心坐标点和机组方向线核心元素，向下级供水系统产品的厂房骨架（图 6.7-11）传递厂房位置的核心元素；由此在厂房骨架中创建电站厂房的一套系统参考面及参数，其主要包括横纵轴网系统、高程系统及一些主要尺寸控制参数，同时将这些参数发布出来供电站厂房的子零件使用。

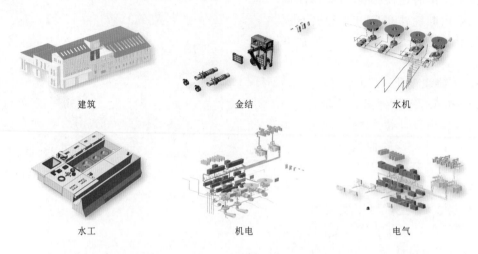

建筑　　　　　　　　　金结　　　　　　　　　水机

水工　　　　　　　　　机电　　　　　　　　　电气

图 6.7 - 10　电站（泵站）厂房纵剖面

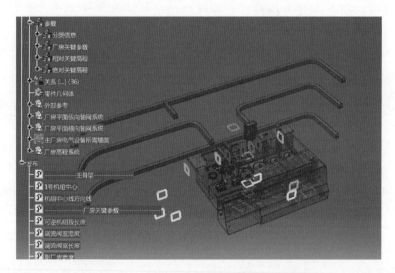

图 6.7 - 11　厂房骨架中的参数、控制面及骨架发布

通过 CATIA V5 软件的知识工程及专家系统（Knowledge Ware）模块可将用户成熟的经验做成参数化的模板并录入 Catalog 模板中实现标准件库的建立，可在 VPM 协同平台上调用各专业模板，建立关于厂房的常用模板，并将其用于项目中。

6.7.3.8　建筑专业

在三河口水利枢纽电站厂房部分，结合绿色建筑设计理念完成了节能、日照、采光等系列数据的分析，并使用空气环境中的气流组织模拟计算。在电站厂房大空间区域，通过 CATIA 软件强大的建模功能，完成常规三维建模，随后通过修改外立面结构，建立能够适应 Simulation CFD 模拟环境的 BIM 模型，并导入 Simulation CFD 中。在完成墙体门窗材质填充后，布置气流走向出入口，检验通风截面积，并通过气流模拟计算与推演，生成房间温度网格，进一步通过修改室内通风条件以获取室内人体舒适度的模拟数据，最后通过推演得出最佳通风条件，完成模拟计算。

6.7.3.9 分析计算

在三河口项目中，采用大型通用有限元软件 ANSYS，对副厂房安装间、导流洞以及厂区挡墙等结构进行了分析计算。

（1）在安装间结构设计中，将在 CATIA 软件中建好的模型导入 ANSYS 软件中，进行静动力结构计算，对结构的布置形式进行优化设计，最终得到节省投资且安全可靠的布置形式——厚板加肋结构，如图 6.7-12 所示。

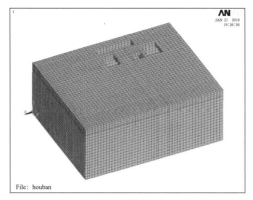

（a）有限元模型　　　　　　（b）应力计算结果（一）

（c）应力计算结果（二）

图 6.7-12　体型优化分析及成果

（2）在副厂房结构设计中，分别采用了 PKPM 软件和 ANSYS 软件进行了结构计算，并且对两款软件在水工设计中的适用性进行了对比分析，如图 6.7-13 所示。

（3）在导流洞封堵设计中（图 6.7-14），将在 CATIA 软件中建好的模型导入 AN-SYS 软件中，进行封堵体稳定计算分析，并且对比分析了解析法和有限元法的计算结果。

6.7.3.10 水机专业

水机专业设计成果以二维 CAD 图纸＋三维 CATIA 图纸相结合的方式提交。水机专业三维应用程度高，三维出图超过 70%。水机专业三维应用包括水轮发电机组、辅助设

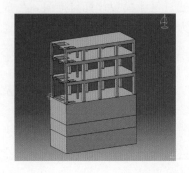
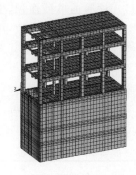
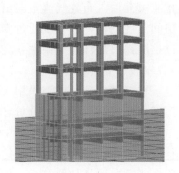

图 6.7-13　同计算软件应用对比分析

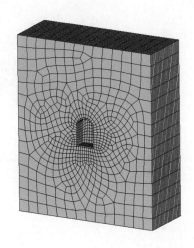
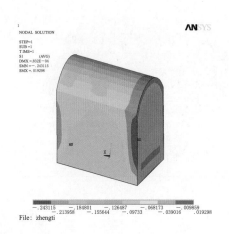

图 6.7-14　导流洞封堵计算中的应用

备、油气水量测系统的三维建模及设备三维布置，主要设备的建模保证参数化和系列化，并直接入模型库，方便后期规格调整。结合骨架及厂房平面进行设备布置，确保各设备的位置、角度以及高程正确。连接完管路后，通过 DMU 软件空间分析模块下的碰撞检查功能，检查水机专业模型与其他专业模型间的内部空间碰撞与干涉情况，重点解决同层交叉、穿梁柱等问题。CATIA 软件的应用方便设计人员调整、布置、解决、碰撞，修改距离尺寸，优化设计方案，从而提高水机设计效率、加快设计速度。水机专业成果图如图 6.7-15 所示。

6.7.3.11　电气专业

电气专业利用博超 STD 平台现有的设备库，以及从 CATIA 软件平台导入的模型，实现部分设备建模的参数化，并进行设备布置；利用博超 STD 平台中的设备赋值接口，进行母线和电缆的连接，实现了电缆的三维敷设和长度统计，将博超 STD 中的三维设计成果导入 CATIA 软件平台中，完成多专业间的协同。电气专业成果图如图 6.7-16 所示。

6.7.3.12　金属结构专业

在该项目中，金属结构设备具有多样性、分散性、复杂性等特点，因此团队的分工合

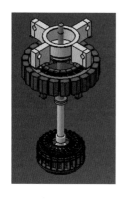

图 6.7-15 水机专业成果图

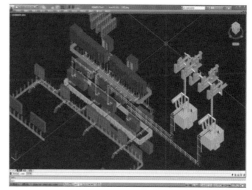

图 6.7-16 电气专业成果图

作依据闸门、启闭机、钢管的控制条件，根据设备类别分别调用与模板库中相近的模型，利用模板参数化完成各种类、型式的设备模型设计，并将实体零件模型转化成曲面模型后再进行 CAE 分析，并进行设计优化，然后上传至 CATIA VPM 金属结构节点下，去完成与其他专业协同设计。运用 CATIA 软件的管理员模式对工程图环境进行了大量优化调整和定制，并实现模型与工程图的关联设计，可对不同阶段图纸完成表达。模板库调用及模型生成如图 6.7-17 所示，协同设计及工程图表达如图 6.7-18 所示。

6.7.3.13 施工专业

施工专业在三河口水利枢纽的 BIM 技术应用中完成了施工导流洞和围堰的设计工作，内容和其他水工建筑物设计类似，在此不做赘述。本节主要介绍在三河口水利枢纽中应用 DELMIA 进行施工仿真的情况。

针对三河口碾压混凝土大坝项目，其一是对大坝实体各部位从设计模型向施工模型的转化。设计模型只需满足设计阶段的需要，而在进行施工模拟的时候，一般不具备施工工艺仿真的要求，需要对其作进一步的细化，合理的拆分与重组。其二是定义设备。通过 Device Building 对需要模拟施工动作的机械设备（如塔吊、自卸汽车等）作相关运动副定义，使其运动机制、运动原理、运动范围、运动幅度、承受载荷等相关参数和实物一致。

工程建设现场承建单位及作业面众多，施工过程中难免会产生水平、垂直等多个维度

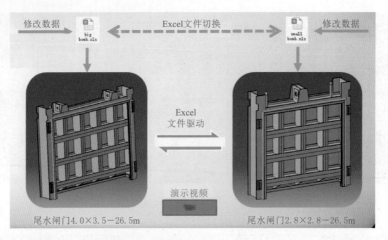

图 6.7 - 17　模板库调用及模型生成

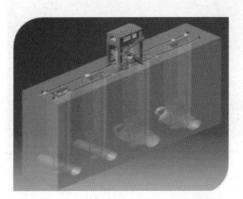

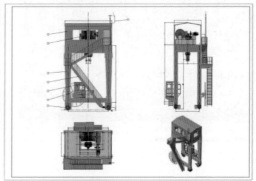

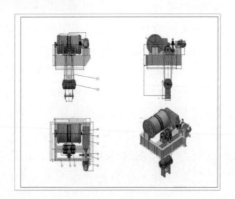

图 6.7 - 18　协同设计及工程图表达

的交叉作业，通过进行三维仿真展示作业面工作情况，利用三维仿真环境在施工组织阶段定义和预演建设流程，可提前发现问题点，减少真实施工中的变更。三河口枢纽大坝碾压皮带机入仓工艺仿真如图 6.7 - 19 所示。

　　根据三河口水利枢纽的浇筑情况，建立了混凝土拌和、运输、入仓、摊铺的 QUEST 模型，利用程序的功能对大坝施工从混凝土拌和到浇筑为成品混凝土的工艺进行数字模拟，

图 6.7-19 三河口枢纽大坝碾压皮带机入仓工艺仿真

根据设备的相关参数及配备情况可以模拟出三河口枢纽大坝浇筑的生产能力。通过调整相关参数可以和现场情况较好吻合，可以用来研究碾压混凝土拱坝的浇筑过程。三河口大坝混凝土施工仿真示意图如图 6.7-20 所示。

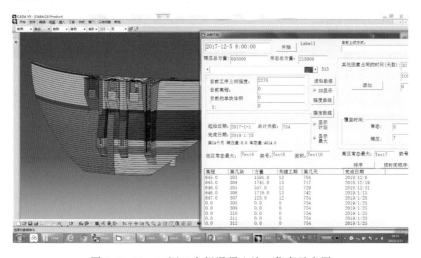

图 6.7-20 三河口大坝混凝土施工仿真示意图

采用 QUEST 软件进行仿真分析，建好设计模型后，调整相关参数（如改变施工设备类型或设备的数量，以及运输路线等）使之符合现场工地的情况。QUEST 软件用离散事件动态系统网络模型来动态仿真，该仿真将系统工程中的排队理论和实际逻辑约束相结合，得到与实际基本一致的仿真结果。因此，可以根据实际情况跟踪项目进展，并通过调整相关参数使仿真计算符合工程实际，并据此进行优化。本次研究的仿真方法可以优化工地的施工方案，指导现场的施工。

6.7.3.14 虚拟应用及展示

三河口水利枢纽虚拟仿真系统，使用 BIM 设计成果经过格式转换后进行虚拟场景制作，保证了模型的正确性。为降低资源消耗，需要对 BIM 模型进行轻量化处理，在确保模型不失真的情况下最大限度地减少面数；为了增加场景的真实感，对模型添加材质并进行烘焙，同时添加植被、大气效果、声效等内容。

三河口水利枢纽虚拟仿真系统有良好的交互性，具有模型属性信息查询、闸门开启泄水仿真、全景第三人称漫游、预留监测数据、监测视频显示接口等功能。三河口水利枢纽虚拟应用特性查询界面图如图 6.7-21 所示。

图 6.7-21　三河口水利枢纽虚拟应用特性查询界面图

6.7.4　BIM 应用成果与价值

6.7.4.1　设计质量与效率提高

（1）设计质量。CATIA 应用于水利水电工程全生命周期（包括项目建议书、可行性研究、初步设计、招标设计、施工图设计），能够按照规范要求逐级递增设计深度和精度，优化设计产品，减少合同总价和施工阶段变更，通过设计手段对水利水电工程成本进行了有效控制，与传统二维 CAD 比较其在成本控制方面主要有以下创新。

1）CATIA 的可视化，能够使得不同设计阶段设计人员发生变化后，快速熟知前一阶段的成果，迅速投入现阶段的实际工作，极大降低了设计周期；能够快速而准确完成大型水电枢纽复杂开挖和建筑物体型的设计及其优化，使得设计产品的时间和人力成本得到了有效控制。

2）CATIA 的模型设计思路较之 CAD 二维设计"由三维到二维"的过程，更为简便，其简化了设计人员对于建筑物体型的理解过程，提高了设计产品质量，进而降低施工期成本。

3）CATIA 的骨架及参数化的设计方法，能够通过对于骨架的控制，较为快速地完成局部方案调整及坝线比较方案设计；通过对相关参数的驱动，使得开挖边坡、建筑物体型等结合地形、地质、稳定计算、水力计算、结构计算等快速实现更改，节约了设计人员的时间，使其有更多精力进行项目优化。

4）CATIA 的知识工程模板，可以对常用建筑物体型进行模板设计，并结合项目通过对参数组的调用，在类似工程之间进行重复利用，极大地降低设计人员的重复工作。

5）CATIA 可实时、精确测量诸如开挖、建筑物体型等设计图中的任意工程量，将设计人员从烦琐的工程量计算中解脱出来，有效地降低了人员成本。

6）CATIA 的 DPM 施工仿真，可以在虚拟环境中实现从设计到施工的整个流程仿真，可对设计方案及施工工序等提出优化建议方案，使得后续施工更加合理，减少后续的变更。

（2）CATIA 三维设计与传统二维 CAD 比较，见表 6.7-1。

表 6.7-1　　　　　　　　　　CATIA 三维设计与传统二维 CAD 比较

序号	项目	CATIA	传统二维 CAD
1	项目管理工作	VPM 服务器数据集成管理，管理较为方便	需经常召开项目协调会以沟通成果，管理较复杂
2	模型的可视化	立体、直观	平面、抽象
3	生成模型的方法	由全局到局部	由局部到全局
4	效率	项目组成员设计意图认识明确，加速设计工作	较难保证生产周期
5	优化过程的耗时	通过参数驱动，较为便捷	较为烦琐
6	模型的重复利用性	相同坝型模型可重复利用	不可
7	设计人员工作方式	更多的脑力劳动用以优化方案	繁杂的体力劳动
8	设计人员工作环境	协同工作环境	相对独立
9	出图	根据需求，可出任意视图	较为固定

6.7.4.2　沟通促进决策

CATIA 可视化工作空间及 ENOVIA VPM 协同设计，能够帮助设计人员更加全面地了解项目本身，而不再局限于自身所属专业，使其能够从宏观上认清并更合理地优化自身设计，极大地提高设计人员的能力；使得专业间能同步查看相关专业的设计情况，以及其更改对自身设计的影响，并做到及时修改；可及时发现专业间建筑物的相关碰撞，在设计过程中将原本存续于后续施工阶段的问题最大化地降低，显著减少了后续施工阶段变更，使得沟通成本大幅降低，且便于项目决策。

6.7.4.3　设计方案优化

（1）主厂房各层的梁板结构布置及内部交通系统的优化。在满足消防要求的前提下，合理地布置各层的交通和楼梯设置，并通过三维模型模拟了厂房的参观路线、消防应急路线。厂房交通模拟如图 6.7-22 所示。

（2）电站厂房后背边坡山体内的排水廊道布置的优化。通过三维模型进行合理的布置，既需要避开已有的连接洞和导流洞部分，又要将其排水系统与消力塘的排水廊道进行衔接，最终通过共用的集水井将排水导出。

（3）副厂房电缆出线布置及主副厂房设备摆放的优化。通过协同平台，各专业不断磨合，对电缆出线线路不断进行优化，最终合理地布置出线；并对主副厂房的设备布置进行优化，过程中需结合主副厂房的梁板柱布置合理进行开孔开洞，并结合交通合理地实现设

图 6.7－22　厂房交通模拟

备的吊装运输。

（4）安装间的优化布置。由于安装间需要承受车荷载和设备荷载，因此对安装间进行了有限元计算，对转子支墩的位置进行了优化布置，并利用人机模块模拟人工检修转子支墩时的状态。

（5）主厂房内外的排水系统优化。主厂房内的排水系统工作主要是排出厂房内的渗漏排水和排水检修，通过三维模型合理地布置了厂房的排水系统、底层的排水廊道，同时兼顾设计了交通廊道来连接消力塘的排水廊道。

（6）压力管道的优化布置。在设计的过程中优化了压力管道的轴线布置，通过三维模型更好地实现了空间异面管道的可视化，让工程设计人员更好地理解设计意图。

（7）尾水闸墩的优化布置。在设计的过程中优化了尾水闸墩的体型，并借用了尾水闸墩的一部分空间进行了供水阀室的交通布置以及主厂房的部分交通布置。

6.8　施工模拟案例

6.8.1　案例概述

大藤峡水利枢纽工程位于广西壮族自治区最大最长的峡谷——大藤峡出口处，被喻为珠江上的"三峡工程"。该工程是国务院批准的《珠江流域综合规划》《珠江流域防洪规划》中确定的流域关键控制性枢纽，是《保障澳门珠海供水安全专项规划》中确定的流域水资源配置骨干枢纽，也是国家172项节水供水重大水利工程的标志性工程，总投资357.36亿元。工程计划于2023年12月完工，集防洪、航运、发电、水资源配置、灌溉等综合效益于一体，建成后将为粤港澳大湾区水安全提供坚实屏障。

6.8.2 BIM 应用目标

采用 BIM 技术对既有的施工截流方案进行建模，搭建模拟演示系统，实现在虚拟真实环境下的多种边界条件可视化，有利于参建各方的沟通协作。通过对施工进度的精细化模拟，可以提高项目进度保证率。对关键工序进行模拟，有利于优化项目组织，提高项目施工质量。对关键工法、工艺进行可视化模拟，有利于提高项目现场参建人员对施工工艺、工法的理解，发现潜在的安全、进度和质量风险，从而在安全和标准化作业方面为项目提供保障。将截流施工过程中的多种不确定因素在可视化环境下统一，为截流施工和决策提供保障。

6.8.3 主要应用内容

6.8.3.1 大场景模型创建

根据施工总布置图、施工详图，创建统一坐标关系的大场景 BIM＋GIS 模型。利用 Infraworks 将建立的 BIM 模型和 GIS 模型进行整合，建立工程整体模型，实现三维动态可视化展示。

在真实可视化场景中综合表达枢纽布置，有利于统筹考虑项目整体施工方案，并为后续工程数字化应用留下接口。

将与截流相关的工程要素，如左右岸主要交通、岸边施工临时路、主要渣石料场、主要边坡和场地布置，以及左岸一期模型整合到场景中，形成 GIS 宏观区域与 BIM 精细模型为一体的大场景模型，综合展示工程总体规划及设计方案。BIM＋GIS 大场景模型界面如图 6.8－1、图 6.8－2 所示。

图 6.8－1　BIM＋GIS 大场景模型界面 1

6.8.3.2 截流建筑物模型创建

根据国家标准《建筑信息模型应用统一标准》（GB/T 51212—2016），从 BIM 应用策划的角度，结合施工阶段的模型深度划分，对模型的几何和非几何精度进行分解。以施工

图 6.8-2　BIM+GIS 大场景模型界面 2

截流建筑物为核心，构建满足施工"五位一体"的几何模型，即工序、进度、工艺、工法模拟的几何模型，并添加与施工管理软件 P6 挂接的属性信息。同时，从几何表达、大场景漫游和方案复核角度构建场地、场景和建筑物模型。模型组织结构如图 6.8-3 所示，模型分类如图 6.8-4 所示。

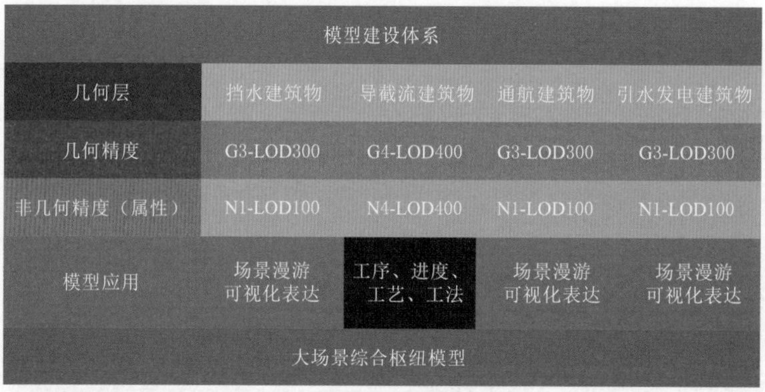

模型建设体系				
几何层	挡水建筑物	导截流建筑物	通航建筑物	引水发电建筑物
几何精度	G3-LOD300	G4-LOD400	G3-LOD300	G3-LOD300
非几何精度（属性）	N1-LOD100	N4-LOD400	N1-LOD100	N1-LOD100
模型应用	场景漫游可视化表达	工序、进度、工艺、工法	场景漫游可视化表达	场景漫游可视化表达
大场景综合枢纽模型				

图 6.8-3　模型组织结构

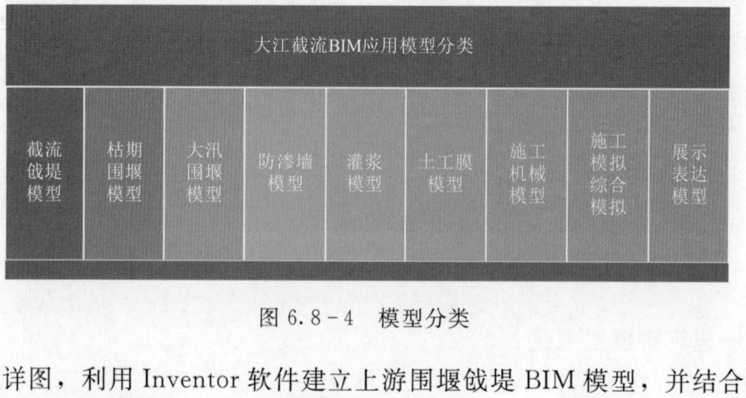

大江截流BIM应用模型分类								
截流戗堤模型	枯期围堰模型	大汛围堰模型	防渗墙模型	灌浆模型	土工膜模型	施工机械模型	施工模拟综合模拟	展示表达模型

图 6.8-4　模型分类

依据施工详图，利用 Inventor 软件建立上游围堰戗堤 BIM 模型，并结合截流 BIM 应用的需求，对上游围堰戗堤 BIM 模型的颗粒度进行划分，共分为 5 个基本单位，并赋予不同的颜色来区分，以满足施工进度、施工工序、施工工艺、施工工法的模拟需要。

6.8.3.3 施工模拟

1. 施工工序模拟

基于 BIM＋GIS 技术，对二期围堰截流施工工序进行三维可视化模拟，主要包含：在已有的施工组织设计和施工方案的基础上，发挥 BIM 的可视化、集成化优点，从空间分布、专业接口等方面入手，使复杂边界可视化，并对施工方案进行模拟复核，查找容易产生专业碰撞和潜在的安全、质量风险点，并为参建各方开展基于模型的施工管理和方案优化提供基础。上、下游及纵向围堰模型如图 6.8-5 所示，围堰施工工序模拟如图 6.8-6 所示。

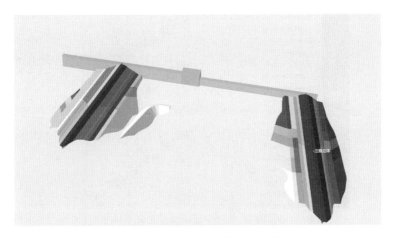

图 6.8-5 上、下游及纵向围堰模型

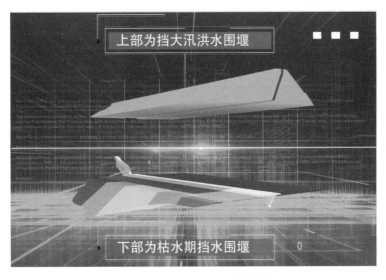

图 6.8-6 围堰施工工序模拟

2. 施工进度模拟

用于施工进度模拟的模型需要对模型进行细化分割，并根据施工组织计划和施工截流方案,把进度计划表、P6成果或横道图与模型进行关联,即将施工进度计划整合进施工图BIM模型,形成4D施工模型,模拟项目整体施工进度安排,对工程实际施工进度情况与虚拟进度情况进行对比分析,如图6.8-7所示;检查与分析施工工序衔接情况及进度计划的合理性,并借助管理平台进行项目施工进度管理,切实提高施工管理质量与水平。根据时间轴创建——对应的施工步骤,并对每一个施工分步的计划开始、结束的时间进行配置,最后形成施工进度模拟成果。

图6.8-7 施工进度模拟

3. 施工工艺模拟

施工工艺模拟是对具体施工步骤的可视化表达,有助于参建各方理解施工工艺,提高施工质量,降低安全风险。施工工艺模拟如图6.8-8所示。

图6.8-8 施工工艺模拟

围堰戗堤预进占经过河床深槽段时，根据实际情况，择机抛投钢筋石笼。龙口Ⅱ区下游坡脚处设置两道长60m、宽4m的钢筋石笼拦砂坎，拦石坎大吨位钢筋石笼施工是难点。

采用吊装，陆地运输、存储，以及吊车卸装的方式将钢筋石笼运至水上船舶，通过船舶将其运输至指定位置后采用浮吊吊装入水，进行水下安装。该施工的工法较为复杂，涉及多部门多种施工机械，因而有必要进行BIM细化模拟，并对钢筋石笼的安装顺序进行模拟，按照先护底钢筋石笼、后拦砂坎钢筋石笼，先上游、后下游，先左侧、后右侧的方式进行模拟。

根据设计文件要求：钢筋石笼使用φ14mm钢丝绳连接成串，每个钢筋石笼边角处使用钢丝绳缠绕一圈，在钢筋石笼中部缠绕一圈。钢丝绳与钢筋石笼之间使用卡扣进行连接紧固，每个钢筋石笼约需使用4个卡扣进行紧固，以保证串联后整体结构的稳定。钢筋石笼施工工艺模拟如图6.8-9、图6.8-10所示。

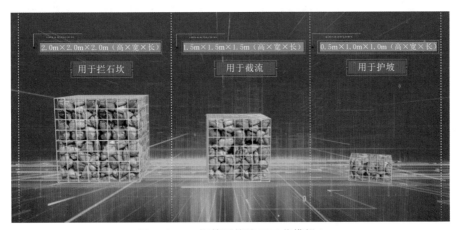

图6.8-9　钢筋石笼施工工艺模拟1

图6.8-10　钢筋石笼施工工艺模拟2

根据《大藤峡水利枢纽工程二期导流工程施工规划专题修编报告》及《大藤峡水利枢纽工程二期截流施工组织设计》，本书梳理了可以作为施工工艺模拟的工法对象。

（1）预进占施工工艺模拟。

预进占方式采用全断面推进法，当戗堤龙口口门宽 286～130m 时，口门流速为 1.59～3.44m/s，采用堤头全断面推进法；当戗堤龙口口门宽 130～100m 时，口门流速为 3.44～3.76m/s，随着口门的束窄，流速逐渐增大，抛投的石渣料开始流失，此时为了减少石渣料流失，堤头需增加一部分大块石料。

当堤头稳定时，自卸汽车在堤头直接向龙口抛投，控制自卸汽车后轮距堤端 1.5～2.0m（图 6.8－11）。

当堤头已抛投材料呈架空或堤头稳定较差时，自卸汽车距堤头 5～8m 卸料，每集料 3～5 车后用大马力推土机赶料推入龙口（图 6.8－12）。

图 6.8－11 预进占施工工艺模拟 1

图 6.8－12 预进占施工工艺模拟 2

当堤头顶面或坡面出现裂缝或局部失稳迹象时，自卸汽车装大块石距提头 4～5m 直接抛投冲砸不稳定的坡面，使坡面变缓而稳定（图 6.8－13）。

图 6.8－13 预进占施工工艺模拟 3

（2）龙口施工工艺模拟。

截流困难区段和高水力学指标下，可采用"上游挑脚、下游压脚、交叉挑压、中间跟进"的进占方法和"钢筋石笼群连续串联推进"技术。根据龙口水力学指标情况，确定堤头采用单排或者双排钢筋石笼群连续串联推进工艺。

采用钢丝绳将连续直线布置的钢筋块石笼首尾相连，连接成连续直线串联的钢筋块石笼群，采用大功率推土机进行钢筋石笼群连续串联推进。在龙口堤头上游侧，采用钢筋石笼串，连续直线推进形成稳定上挑角；在下游侧采用连续串联的钢筋石笼群直线推进压脚。单向交叉挑压，可以在戗堤上、下游底部形成可靠串联钢筋块石笼拦石坝，使戗堤中部形成滞流区，中部可采用中石混合料快速进占。龙口施工工艺模拟如图 6.8－14 所示。

（3）拦砂坎与护底钢筋石笼施工工艺模拟。

龙口处河床为平整光滑的岩面，为减少龙口处抛投料流失量，考虑在龙口下游侧河床设置钢筋石笼拦石坎，对河床进行加糙。对纵向混凝土围堰基础采用钢筋石笼进行防冲刷保护。拦砂坎与护底钢筋石笼施工工艺模拟如图 6.8－15 所示。

4. 施工工法模拟

施工工法模拟是针对施工机具的可视化表达，用以指导和优化施工机具的使用，提高施工人员对于施工机具使用的理解，规范操作、预防由误操作和理解不到位造成的损失和安全风险。

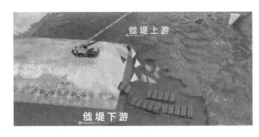
图 6.8-14 龙口施工工艺模拟

图 6.8-15 拦砂坎与护底钢筋石笼施工工艺模拟

根据《大藤峡水利枢纽工程二期导流工程施工规划专题修编报告》及《大藤峡水利枢纽工程二期截流施工组织设计》，本书梳理了可以作为施工工法模拟的工法对象。

（1）预进占施工设备运行模拟。在开展预进占施工设备运行模拟时，在软件中导入包含截流施工设备运行路线及截流施工相关设备信息的图纸，设置与实际预进占施工设备相同外形尺寸、相同转弯半径的模拟施工设备，按照预先的截流方案，对施工设备的运行轨迹、出发时间间隔等情况进行模拟（图 6.8-16）。

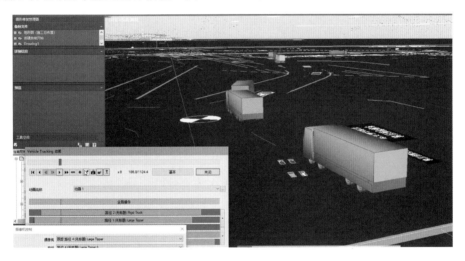
图 6.8-16 预进占施工设备运行模拟

（2）龙口施工设备运行模拟（图 6.8-17 和图 6.8-18）。

施工机械是施工过程进度控制边界、场地控制边界、人员、设备、材料和仿真时钟的关联表现因素。因此，通过准确的施工场地及施工道路建模，将施工工程车辆（在本项目中以自卸汽车为主）准确的车辆轴距、宽度、转弯半径信息录入模型中，并在施工限制时速下，模拟了施工进占阶段、龙口施工阶段车辆运行轨迹。得出以下结论：

1）三点卸料时，每三辆车为一个编组，组内车辆在等候区的前后车发车时间应滞后至少 50s，并且遵循"先进场车辆在远位置倒车"的原则。

2）前后两辆车编组应滞后 3min 发车。

图 6.8-17　龙口施工设备运行可视化模拟

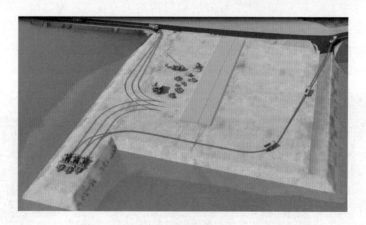

图 6.8-18　龙口施工设备运行三维模拟

3）三点卸料时，每个卸料点的保证抛投车次为 20 次。

6.8.3.4　展示汇报系统

从项目展示、施工技术交底和项目汇报的角度，分别制作项目展示视频。项目展示视频包含项目概况、项目模型电子沙盘介绍、施工截流过程模拟和效果展示、创新点展示。

6.8.4　BIM 应用总结

本项目采用基于 BIM 技术的"五位一体"施工截流方案模拟。即建立一套模型、进行五个方面模拟，包含施工场地综合布置、施工进度模拟、施工工序模拟、施工工艺模拟、施工工法模拟。将截流施工过程中的各种不确定因素在可视化环境下统一，结合 BIM+GIS 平台化建设管理，为截流施工和决策提供保障。

本项目旨在提高水利工程施工效率，为工程建设信息化提供支撑和服务，不仅节约了投资成本、提高了效率、拓展了空间，而且将全面提升工程建设信息化水平，具有巨大的社会效益、经济效益。

6.9　BIM 出图案例

6.9.1　案例概述

6.9.1.1　项目基本情况

　　洪汝河治理工程范围为汝河宿鸭湖水库以下、班台以下大洪河全线、洪河分洪道全线，涉及河南省驻马店市的汝南、平舆、上蔡、正阳、新蔡，信阳市的淮滨和安徽省阜阳市的阜南、临泉等8个县（区）。工程新建、重建、加固各类建筑物115座，包括排涝涵闸79座，灌排泵站22座，桥梁工程14座；其中，排涝涵闸及灌排泵站建筑物级别大都为5级，控制闸及防洪闸闸门型式均为平面钢闸门，泵站采用轴流泵，结构型式较为统一。本书以董瓦房排涝站为例，介绍中小型工程 BIM 设计阶段的应用。

　　董瓦房排涝站位于新蔡分洪道左岸支流，分洪道桩号 19＋416。设计排涝流量 $1.97\mathrm{m}^3/\mathrm{s}$，自排流量 $4.41\mathrm{m}^3/\mathrm{s}$。防洪闸三维轴测图如图 6.9-1 所示，排涝站三维轴测图如图 6.9-2 所示。

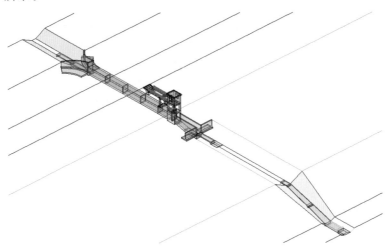

图 6.9-1　防洪闸三维轴测图

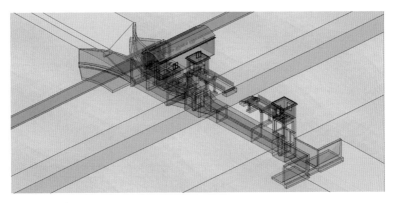

图 6.9-2　排涝站三维轴测图

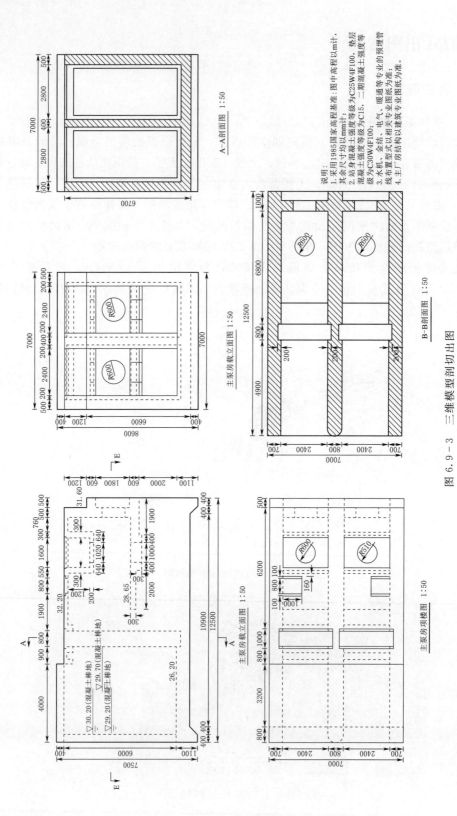

图 6.9 - 3　三维模型剖切出图

6.9.1.2　BIM 应用目标

在涵闸及泵站建筑设计过程中，将结构规模类似的工程统一化并采用 Autodesk 平台的 Inventor 软件进行参数化建模，结合 VisualFL 配筋软件实现结构与钢筋施工图的绘制工作，提升工程设计出图效率。

6.9.2　BIM 应用内容

6.9.2.1　技术路线

根据涵闸及泵站工程规模确定工程设计方案；采用 Inventor 软件进行建筑物三维设计工作并对其进行参数化控制，使用软件自带剖图功能，输出建筑物结构图；之后导出 VisualFL 配筋软件支持的格式，由结构各自受力情况对其进行配筋，设置出图规则后批量导出钢筋施工图。

6.9.2.2　主要应用内容

1. 水工结构图

水工专业使用 Inventor 软件对同类型涵闸及泵站建筑进行三维参数化建模，并通过 Inventor 软件本身强大的三维剖图功能，对其进行剖切并添加标注，极大地节省了工作时间，提升出图工作效率。同时也可以导出 sat、obj 等格式文件与 Bentley 软件进行文件交互，可快速拼接完成工程三维设计，避免重复建模，极大地提升了建模效率。三维模型剖切出图如图 6.9-3 所示。

2. 钢筋施工图

根据结构受力条件，对结构进行配筋计算，使用 VisualFL 配筋软件对三维参数化结构模型进行配筋，如图 6.9-4 所示；通过设置剖切断面及轴侧视图等规则，对结构进行配筋出图，同时对于结构型式相同的构筑物，在保证同一参数化模型文件及拓扑关系相同的情况下，使用模型替换功能可快速实现配筋工作，并根据结构受力情况，调整配筋参

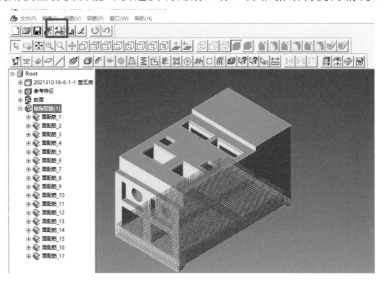

图 6.9-4　三维配筋

数。以此实现快速配筋出图工作，提升工作效率。

6.9.3　BIM 应用成果与价值

在施工图设计阶段，对于结构型式相同，重复性工作量较大的建模工作，使用 Inventor 软件强大的参数化功能，创建参数化三维模型库，可快速创建结构型式相同、尺寸不同的三维模型。同时，结合 VisualFL 软件对其进行配筋，对同一类型的结构，使用模型替换功能，并根据结构受力分析情况调整配筋参数，设置好剖切规则后，可一键快速绘制钢筋图。该方法极大地节省了建模、结构及钢筋图的出图时间，将施工图绘制工作效率提高了 3～5 倍。

第7章
典型 BIM 软件

随着三维协同设计技术在国内的不断推广，建筑、火电、核电、水利等工程建设领域在三维协同设计方面的研究都取得了一定进展，其中水利水电工程设计由于涉及不同的地形、地质状况，标准化设计程度较低，三维设计推进较艰难，但由于其效果显著，具有前瞻性的水利水电设计单位均已引进。

7.1 水利水电勘测设计行业自主研发软件

近年来，水利水电行业各勘测设计单位着手开展三维设计技术的研发和应用，目前，领先的勘测设计单位已经在成熟的商业软件基础上，建立了适合水利水电工程设计的专业软件，可支持大坝、隧洞、厂房的参数化设计；建立了三维参数化知识模板库、模型库和企业标准；实现了地质勘察、枢纽布置、大坝结构、大坝配筋、机电等专业人员协同进行三维设计工作。

7.1.1 工程 BIM 可视化引擎平台系统 V2.0

工程 BIM 可视化引擎平台系统 V2.0（以下简称引擎）由中国电力建设集团北京勘测设计研究院有限公司研发，拥有完整的自主知识产权，主要针对水利、水电、市政、环境、建筑等行业全生命周期管控系统的大规模场景、海量 BIM＋GIS 模型 Web 端展示与数据关联需求，具有承载能力强、支持多源数据、展示效果逼真等特点。

1. 水利行业 BIM 应用解决方案

引擎经过多个水利水电工程项目管控平台实践，形成了资源处理、轻量化发布以及网页端 SDK 接口开发的完整 BIM＋GIS 引擎平台使用方案，具有体系成熟、应用简单的优势。

2. 软件功能介绍

（1）海量 BIM＋GIS 模型加载功能。目前引擎已经测试过超过 40GB 的 BIM＋GIS 模型数据，网页端加载速度极为快速，浏览过程无明显卡顿。图 7.1－1 为同一场景中海量模型集成效果。

（2）多源数据加载功能。引擎支持多种主流 BIM＋GIS 模型的转换和加载显示，具有独立的模型转换处理程序，可将多入口数据无损转换为统一的数据格式；引擎模型转换处理程序同时支持模型编辑、修改、模型属性配置、场景美术配置等功能。

（3）模型数据的安全策略。引擎具有独有的模型服务器，支持网络加载；具有独有的自定义数据格式，并采用 RSA 加密技术。在客户开发的管理平台中将模型与管理系统服务器分离，保证模型及管理系统各自的响应速率与安全性。

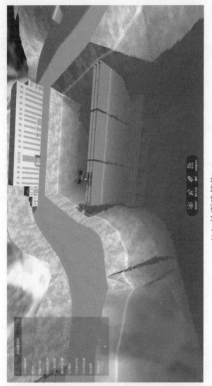

（a）电站工程管控系统

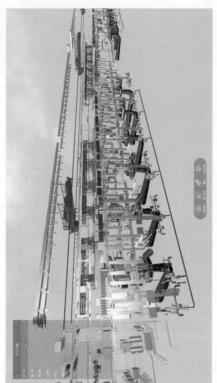

（b）地面建筑物

（c）地下系统

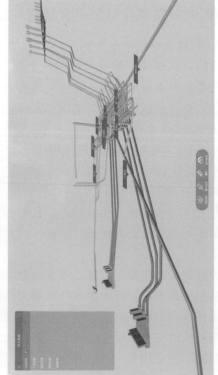

（d）机电设备

图 7.1-1 同一场景中海量模型集成效果

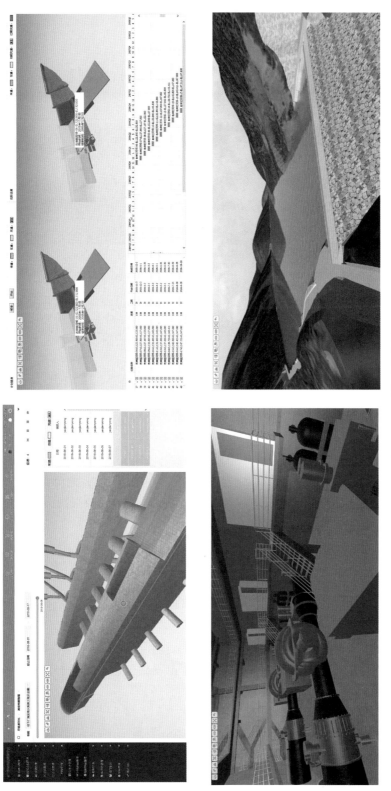

图 7.1-2　引擎功能截图

（4）引擎展示功能。引擎支持双视口对比渲染、模型属性绑定、三维视角视点、自定义颜色、模型显隐、模型自定义透明度、自定义标注、精准剖切、三维测量等三维基础功能。图 7.1-2 为引擎功能截图。

（5）可视化功能。引擎具有达到虚拟仿真软件效果的菲涅尔水面、花草树木、透明玻璃、金属高光、地面高清卫星贴图等展示能力。图 7.1-3 为引擎可视化展示。

图 7.1-3　引擎可视化展示

3. 开发接口

引擎场景应与管理平台系统放在一个网页上进行交互应用，为满足不同的展示需求，本平台已开发出完备的 SDK 接口，以满足不同的交互响应需求；同时，引擎可根据客户需求进行功能扩展开发。图 7.1-4 为采用引擎开发的管控平台效果图。

7.1.2　工程地质内外业一体化平台

《工程地质内外业一体化平台》（以下简称"一体化平台"）是由中国电建集团北京勘测设计研究院有限公司开发的。该平台综合应用移动终端技术、GPS 技术、GIS 技术和 CAD 技术，以工程地质数据库为核心，开发了包括外业数据采集、数据管理、数据分析、三维建模及分析地质 CAD 制图等多个软件系统。

（1）外业数据采集系统。数据采集系统包括钻孔数据采集、平洞数据采集、工程地质测绘等软件，如图 7.1-5 所示。软件基于 Android 平台开发，硬件环境支持平板电脑和智能手机。

工程地质测绘软件采用集成高精度 GPS 模块的工业级平板，软件能够完成各种地质测绘信息的采集，还能完成地质勘察放点、勘探点收测等工作。

（2）数据管理系统。数据管理系统主要是实现对工程地质数据的管理工作。数据管理采用在线和离线相结合的方式，可适用于各种地质勘察工作环境。数据管理系统制定了大

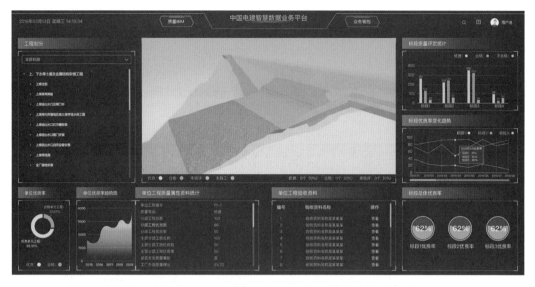

图 7.1-4 采用引擎开发的管控平台效果

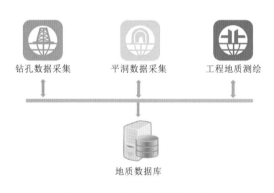

图 7.1-5 外业数据采集系统

量数据接口，可实现勘测专业之间的数据协同。目前通过自主开发的物探、试验软件与数据采集系统实现数据交换。

（3）数据分析系统。数据分析系统主要是实现地质数据统计分析工作。系统按照地质数据分析的需求建立标准化模板，可实时一键生成各种统计图表，为地质勘察报告提供素材，如图 7.1-6 所示。数据分析系统与其他地质专业软件具有较好的兼容性，成果可输出兼容格式文件作进一步分析。

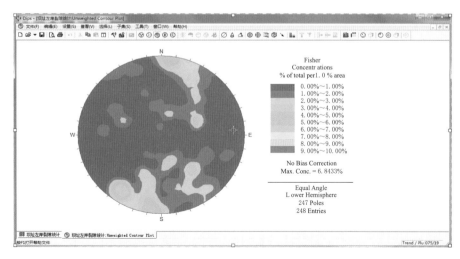

图 7.1-6 数据分析系统图

（4）三维建模及分析系统。三维建模及分析系统可基于地质数据库自动建立各种地质三维曲面和实体模型，建模支持多种数据源，用户可根据需要灵活选择，如图 7.1 - 7所示。

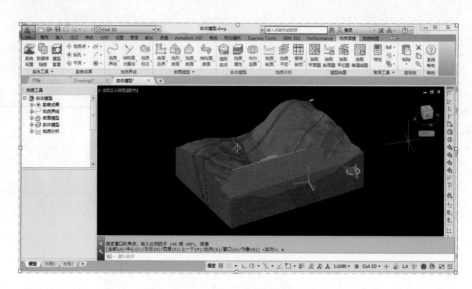

图 7.1 - 7　三维建模及分析系统图

三维建模系统可完成地质剖面、地质平切、栅格剖切等地质分析工作，分析成果与三维模型实时、双向、动态关联。

地质三维建模系统的开发集成了多项标准化库，这些标准化库既能保证成果符合现行规程规范的要求，同时也能满足不同用户的个性化需求。

（5）地质 CAD 制图系统。CAD 绘图系统实现绘制各种工程地质图件功能。该系统可以基于工程地质数据库和地质三维模型完成工程地质专业大多数图件的绘制工作。

7.1.3　HydroBIM 土木机电一体化系统

HydroBIM 土木机电一体化系统是由中国电力建设集团昆明勘测设计研究院有限公司基于 CAD 和 Revit（商业软件）进行的自主二次开发。该系统将数据管理作为三维应用和项目管理的重点，在设计侧将工程数据源科学管控，使用先进的三维校审为设计保驾护航；该系统建设完整，形成了设计、电子校审、数字化交付的整体方案，而不是割裂开来的数据孤岛，解决了一直以来困扰设计、交付的数据传递和孤岛问题。

1. 创新点

（1）实现数据资源优化管理。该系统以建设统一数据库为核心，将多款软件在平台级下进行整合，通过数据驱动，拉通整个设计流程，实现数据一次录入多次引用，通过数据共享，实现一张图修改，多张相关图纸联动。

（2）设计管理一体化。将设计流程标准化，专业协同固化在软件流程中，将人力资源管理、绩效考核和平台工作流程有机结合，实现科学的项目管理和设计标准化。

（3）数据驱动的工业厂房数字化三维设计。紧紧围绕统一数据库，实现二维、三维联动设计和多软件高效数据交互。

（4）三维设计电子校审。利用虚拟仿真技术形成电子化的校审意见。设计校审数据传递无缝对接。

（5）实现数字化一键交付。以数据库为单位实现设计平台实时一键交付，设计侧的数据库科学管理模式，使传递的数据质量更高，便于使用方应用神经网状数据开展项目管理。

2.设计平台

设计平台方案：原理图设计采用 AutoCAD 软件；三维布置设计采用 Revit 软件。以原理图为顶层设计开展数字化设计，以数据驱动设计各个阶段和流程，真正实现在设计源头流畅传递数据的数据管理模式。

（1）数据管理。

1）公共数据管理主要包括：用户管理、工程管理、标准库管理（公共设备数据、公共二维图形、公共族库）、标准化管理、样本管理、平台配置、系统帮助。

2）工程数据管理主要包括：图档管理、工程参数、工程设备管理、移交管理、计划管理、厂家资料管理、工程相关文件管理、计算。

3）人力资源数据管理主要包括：工程综合查询、工程任务管理。平台将设计和管理流程结合，可以实现绩效考核和人力强度分析，实现设计管理一体化。

（2）蜗壳设计模块。该模块具有完备的蜗壳设计出图解决方案，建模质量优异，出钢筋图效率高。大体积混凝土三维钢筋图绘制辅助系统特殊配筋模块提供水电站蜗壳肘管的建模及配筋解决方案。用户导入蜗壳肘管单线图数据后可快速生成蜗壳肘管模型并自动完成配筋及钢筋表材料表统计。

（3）原理图设计模块。该模块支持机电全部专业原理图设计，基于 CAD 软件针对各个专业和系统有完善的工具支持。其设计流程：首先通过调用典型库，快速拼出原理图，然后开展数据定义，原则为数据一次定义、多次引用。通过图面提取，实现自动标注和统计。电气一次的厂用电、电气二次的原理图可以自动提取出电缆清册表头，作为电缆敷设的依据，此外可以自动地从电气二次的原理图中生成端子图。

（4）Revit 布置设计模块。该模块支持机电全部专业，并有对应于各个专业和系统的、基于 Revit 软件的系统工具支持；支持同步赋值布置和异步赋值布置；具有三维布置设备与系统图进行对比联动检查功能。

（5）电气专项设计。针对变电、配电、二次控制、照明设计、防雷接地、电缆敷设开发了专业设计功能，并提供电气通用计算。

（6）三维电缆敷设模块。

1）电缆通道布置。桥架、埋管作为电缆敷设通道，需要在绘制时完成属性定义，为三维电缆敷设打下基础。桥架可以一次绘制多层，桥架和埋管均可以快速生成材料表。

2）三维电缆敷设。通过桥架通道和埋管通道数字化设计，实现拓扑路径的自动提取并生成电缆敷设成果（图纸、清册、iPad 查询）。

3）电缆敷设施工应用。运用计算机三维仿真技术，电缆敷设规划人员在现场敷设电缆之前可以直观地完成电缆的虚拟敷设，并可根据电缆三维模拟展示效果，及时调整电缆的排布位置。以系统中虚拟敷设的三维电缆信息模型作为依据进行施工，施工过程中可实时记录电缆的实际敷设结果，确立电缆敷设状态，有效地进行施工过程管理，进而提高电缆敷设效率和电缆敷设工艺水平。

电缆施工结果可实现数字化移交（电缆及通道三维模型、施工全过程信息记录、相关技术与管理文档资料等），为运维提供数据支持，实现数据价值的延伸。其功能划分为工程管理、模型建立、电缆敷设、施工指导四部分。

3. 三维校审平台

设计平台可以一键发布电子校审，实现基于虚拟仿真技术的三维电子校审。首先在 Revit 软件下发布校审方案；然后在校审平台下进行实时漫游、批注；最后校审意见可以在设计环境 Revit 下查阅，并可快速定位直接修改。

4. 数字化移交平台

基于轻量化引擎和数据库开发的数字化移交平台，可以实现从设计平台一键交付发布设计数据，开展 BIM 交付。通过专有客户端打开一键交付的设计数据，可以查阅设计信息。

7.1.4　CS‐BIM 设计辅助工具集

《CS‐BIM 设计辅助工具集》是一款由中交上海航道勘察设计研究院有限公司开发，基于 Autodesk Civil 3D 的插件。该插件针对 BIM 设计流程中的痛点和难点，集成了大量快捷设计功能，减少重复劳动，提高了设计效率。图 7.1‐8 为《CS‐BIM 设计辅助工具集》软件功能列表。

图 7.1‐8　《CS‐BIM 设计辅助工具集》软件功能列表

该插件包含九大模块 40 余项子功能，包括"高程""曲面""路线\纵断面""横断面""工程量""施工进度""专业模块""导出""视频教程"等。其中，每个模块均集成了常用的 Civil3D 功能，如建立曲面、路线等，便于用户在同一个面板上使用。

同时，该插件针对特殊需求进行了定制化开发。如在"高程"模块中，包含"块转文本""Z 值归位""万点归一"等子功能；在"曲面"模块中，包含曲面信息一键导出、曲面颜色自定义修改、"疏化曲面""库容计算"等子功能；在"路线\纵断面"中包含 CAD 元素快速提取、"深泓线"等子功能；在"横断面"中，则针对 Civil 3D 的痛点开发了"批改图高""断面分装"等子功能；针对相关专业进行了深入的定制开发，如在"专业模块‐CFD"中，包含"欧拉转拉格朗日场"等功能；在"专业模块－河演"中，包含曲面内外边界的一键导出功能；而在"导出"模块中，则集成了 DXF\DWG\xlsx 等各种常规格式的一键导出功能。《CS‐BIM 设计辅助工具集》功能列表如图 7.1‐9 所示。

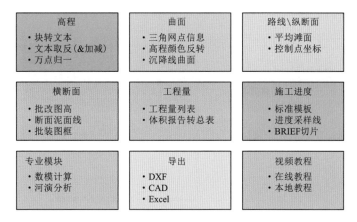

图 7.1-9　《CS-BIM 设计辅助工具集》功能列表

7.1.5　MicroStation 平台辅助设计工具集

《MicroStation 平台辅助设计工具集》是一款由中水北方勘测设计研究有限责任公司开发，基于 MicroStation 平台的插件。该插件针对 BIM 设计流程中的难点，集成了几大快捷设计模块，减少重复劳动，提高了设计效率。

（1）三维元件库管理系统。该系统是基于 Bentley 公司的三维图形平台 MicroStation 软件开发的一个三维元件建设管理和使用系统。系统主要功能是基于 MicroStation 平台，对水力机械、金属结构、电气一次、电气二次、建筑、水工等专业的元件库进行建设和维护管理，实现元件入库、修改信息、移动元件、删除元件、导出元件、放置元件等功能，如图 7.1-10 所示。

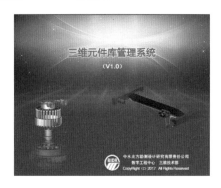

图 7.1-10　三维元件库管理系统

（2）水利水电工程智能标注工具集软件。该软件是基于 Bentley 公司的三维图形平台 MicroStation 软件开发的一套水利水电工程智能标注工具集软件，是为解决 MicroStation 自带标注工具不适用于水工设计制图规范而开发的，满足了水工设计制图过程中对各种常用标注符号的要求，如图 7.1-11 所示。

（3）工程量统计工具。该软件是基于 Bentley 公司的三维图形平台 MicroStation 软件开发的工程量统计工具，如图 7.1-12 所示。通过图层名称可快速统计所处图层构件的体积、面积、单元个数。

图 7.1-11　智能标注工具集

图 7.1-12　统计工具

（4）斜马道三维设计软件。该系统是基于 Bentley 公司的三维图形平台 MicroStation 软件开发的一个土石坝工程常用的斜马道三维参数化设计软件，如图 7.1-13 所示。系统实现了对土石坝工程中常用的下游"之"字形上坝路等复杂空间异形结构采用参数化的方法快速建立三维模型。系统主要功能包括设置高程基准点、高程基准点预览、"之"字形上坝路直线段设计和三维建模、"之"字形上坝路转弯段设计和三维建模等四种重要功能。

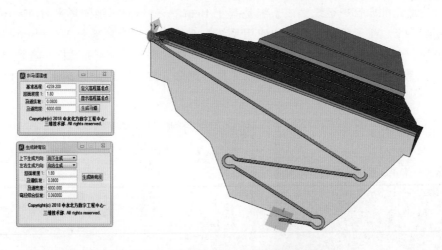

图 7.1-13　斜马道三维参数化设计

（5）溢洪道三维建模软件。该系统是基于 Bentley 公司的三维图形平台 MicroStation 软件开发的一个开敞式溢洪道三维参数化建模软件，如图 7.1-14 所示。系统实现了对开敞式溢洪道设计中常用的多种曲线组合过流表面、扭坡

图 7.1-14　溢洪道三维参数化建模

线等复杂空间异形结构采用参数化的方法快速建立三维模型。系统主要包括三圆弧曲线＋WES 幂曲线组合堰体三维建模、抛物线＋直线过水结构建模、贴坡式挡墙三维建模、扭坡三维建模等四种重要功能。

7.1.6 HydroStation 平台

1. 平台简介

该平台是由浙江华东工程数字技术有限公司和 Bentley 公司强强联合，基于"一个平台、一个模型、一个数据架构"的发展理念，历时 16 年，结合行业需求精心打造的三维数字化协同设计平台。

HydroStation 平台基于"一个平台、一个模型、一个数据架构"的先进理念，以提高工程行业的综合设计水平、设计能力和设计质量，满足从工程设计咨询开始向 EPC 及工程全生命周期数字化智能化逐步过渡的需求，打造长期可持续发展的三维数字化解决方案及配套的平台。HydroStation 三维协同设计解决方案如图 7.1-15 所示。

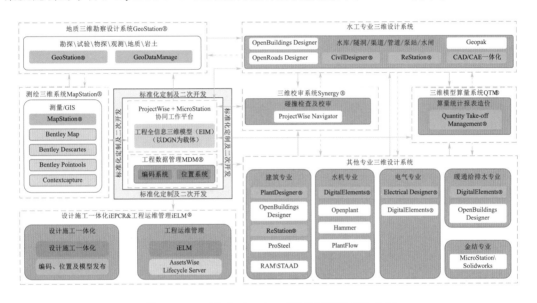

图 7.1-15 HydroStation 三维协同设计解决方案

HydroStation 以 MicroStation 通用商业三维及二维一体化设计平台，以及运行于此平台上的多种专业三维协同设计软件为基础，以三维协同设计平台 ProjectWise 为纽带，结合工程数字化三维协同设计的特点，通过一系列深度二次开发和专业定制，形成完整的专业三维设计软件集合，在此基础上提炼出一套完整的水利水电工程三维协同设计解决方案。

该解决方案符合国内水利水电工程设计人员的使用习惯，拥有功能更强、效率更高的专业三维协同设计模块；为各专业数字化三维协同设计提供协作性强、可靠性高的协同环境；具备水利水电工程行业多专业协同的设计标准体系，具有极强的协同过程管控和多源数据的管理能力。

经过近年来的实践，基于 HydroStation 的水利水电工程三维数字化协同设计解决方案，在国内有非常强的适应性，在各水利水电勘察设计单位得到了广泛的应用。

2. 水利工程三维协同设计解决方案

（1）总体成果。麻湾泵站整合模型如图 7.1-16 所示，曹店引黄泵站总装横型如图 7.1-17 所示。

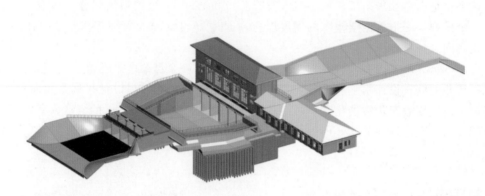

图 7.1-16　麻湾泵站整合模型

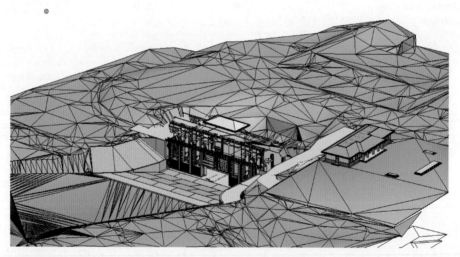

图 7.1-17　曹店引黄泵站总装模型

（2）测绘专业。测绘专业基于原始测量数据，利用 MapStation 平台完成项目测绘工作。测绘模型包括高程、坐标、陡坎等测绘信息。

测绘专业作为最上游专业，将基于 TIN 和 Mesh 等软件生成的地形模型传递给下游的地质和水工等专业开展场地地质和开挖建模工作，从源头上实现真正意义上的三维设计。项目设计后期，使用测绘模型进行三维工程场景渲染，并制作汇报视频。

（3）地质专业。地质专业采用三维地质系统 GeoStation 开展工作。地质专业建立地质数据库，录入勘探钻孔 710 个、地质主剖面 168 条、地质辅助剖面 500 余条；使用岩土版 GeoStation 完成黄水东调项目中水库、泵站、输水管道、引水干渠等不同建筑物地质三维模型 10 余个；使用水电版 GeoStation 完成赖子河水库项目中库坝区、料场区地质三维模型 2 个。地质三维模型中包含钻孔位置、钻孔深度、勘探线布置、各土层分布、地下水位等信息，构建了完整的工程地质信息模型。

（4）水工专业。基于 MicroStation 和 AECOsim Building Designer 强大的三维造型能力和便捷的精确绘图功能，水工专业快速完成泵站、节制闸、沉沙池等水工建筑物建模工作。渠道和输水管道三维模型采用 OpenRoads Designer 进行创建。常用的水工结构亦可制作成参数驱动模型，便于方案修改和复用。项目所出图纸，直接从三维模型剖切获取。

水工结构三维模型固化后，采用 ReStation 进行三维配筋。ReStation 实现符合国标的自动出图、钢筋符号化、钢筋自动标注、自动生成钢筋表、钢筋标注修改记忆、二维和三维图纸动态同步、出图比例自适应等功能，节省了大量钢筋绘图制表时间。

（5）电气专业。电气专业利用 Substation 与 BRCM 完成各泵站相关建筑物中电气柜、桥架、缆线等设备布置。

（6）工程场景渲染。完成项目总装模型后，直接导入 LumenRT，制作工程渲染图片和视频，直观允分地展示工程建设内容。某引江泵站技施模型渲染如图 7.1-18 所示。

图 7.1-18　某引江泵站技施模型渲染图

7.1.7　水工结构三维可视化 CAD 系统

1. 软件简介

水工结构三维可视化 CAD 系统是一款由长江勘测规划设计研究院开发，集钢筋三维建模和二维施工图自动生成一体的 CAD 软件。它可以导入在各种三维造型平台上创建任意结构型式的实体模型文件，设计人员在三维模型上布设立体钢筋，检查浏览钢筋的空间布置，查询修改钢筋信息，在任意位置定义剖切面，最后一键生成带标注的配筋图、钢筋表和下料表。设计人员从琐碎的制图活动中解脱出来后，主要精力用于创意性设计。

在设计理念上，它从通用的三维模型入手，贴近结构面保护层距离布设三维钢筋，适应水工结构复杂多变的特点；在视觉上，采用三维可视化设计，结构和钢筋的空间布置一清二楚，可及时发现错、漏、碰等不合理现象；在关联性上，二维图由三维配筋模型自动生成，不仅保证信息正确，而且三维修改后迅速生成能记忆原标注位置的二维图；在易用性上，历经工程设计人员多年开发，操作简单快捷、概念清晰、符合设计习惯；在兼容性上，能适应 AutoCAD、Bentley、CATIA、UG、Pro/E、Revit、Inventor、SolidWorks、Rhino 等不同软件生成的三维模型，支持上、下游信息传递，符合 BIM 技术发展方向。

2. 效益评估和业务应用前景

（1）改变设计制图方式。减轻设计人员的劳动强度，缩短设计周期，利于安排工作计划。可以消除图纸中的低级错误，提高图纸质量。另外有些用手工制图无法算得很准的空间曲线钢筋长度，该软件可以统计得非常精准，减少现场返工。

（2）改变审核方式。审核只需校核布筋原则和结构尺寸，具体的钢筋长度、根数、对应关系等不再需逐一跟踪校核。

（3）推动三维技术发展。三维模型能用来出施工图，三维建模更有现实动力。通过本软件实际运用，易于发现过去建模的一些问题（如小的裂隙、点线不对齐等），提高一线设计人员的建模技能。

总之，该软件能显著提高设计效率和设计管理水平，推动三维设计技术的普及应用，增强企业创新能力和市场竞争力。

3. 软件功能

运用该软件，设计人员能直观地在三维模型上布设钢筋（图 7.1 - 19～图 7.1 - 21），并一键生成钢筋图表（图 7.1 - 22）。

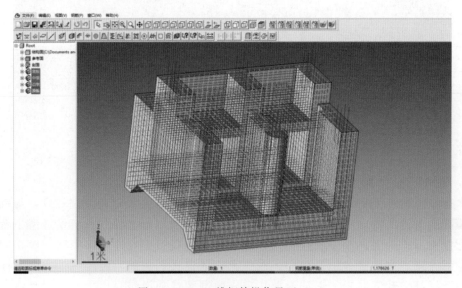

图 7.1 - 19　三维钢筋操作界面（一）

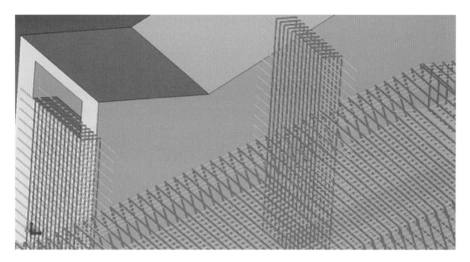

图 7.1-20 三维钢筋操作界面（二）

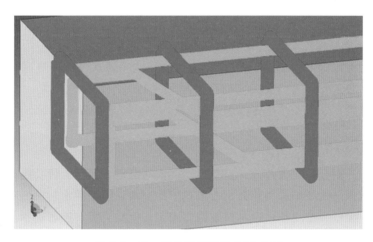

图 7.1-21 三维钢筋操作界面（三）

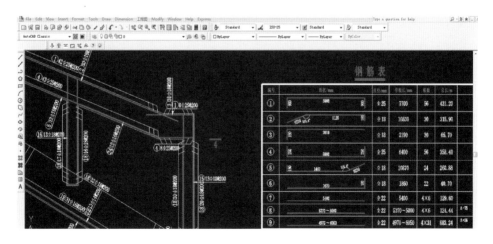

图 7.1-22 一键自动生成的二维工程图

7.1.8　BIM 工程管理平台

1. 软件介绍

BIM 工程管理平台，是由黄河勘测设计研究有限公司从底层研发的 BIM 应用基础平台，拥有完全自主的知识产权。平台采用 B/S 架构，将工程建造过程中关注的质量、进度、投资、安全等应用需求与 BIM 技术进行结合，采用形象、直观的表达方式对信息进行表达。以结构树形式表示模型构件间的从属关系，并且可对结构树进行定制以适应不同应用场景；实现了剪切功能，可对模型进行全方位剖切；测量功能包括高程测量、面积测量、体积测量，实现了直观表达的同时可精准量化每一个构件的高程、尺寸信息，为决策提供精确信息支持；进度模拟功能，实现了将每个构件依据进度信息进行动态生成模拟，并且以横道图的形式对实际进度与计划进度进行直观对比；质量管理功能，依据实际各单元功能验收结果，在三维场景中采用多种颜色对构件进行显示，结果清晰、直观；危险源管理功能，根据现场危险源排查与治理情况，实时在三维场景中进行表达；WBS 关联管理功能，可实现将质量、进度、安全等信息与 BIM 模型构件进行绑定或解除绑定，为 BIM 技术应用提供基础。

另外，平台可以对工程标段所有 BIM 模型进行统一管理，模型管理者可完成模型上传、信息更新、状态管理等功能，同时可对模型进行多个条件的检索，以及模型列表导出。在模型管理者将模型上传，完成 WBS 关联，并且将模型发布以后，应用者便可访问 BIM 应用。

2. 数据管理功能

数据管理主界面分为三大部分，包括模型搜索功能区、模型上传功能区，以及列表功能区。系统导航信息主要显示当前页面在系统中的层级；模型搜索功能区包括关键字输入框、重要等级、标段等过滤条件以及搜索模型按钮；模型上传功能区包括上传按钮，模型列表导出按钮，如图 7.1 - 23 所示。

图 7.1 - 23　数据管理界面

数据管理功能主要包括 BIM 工程资源管理功能和 WBS 关联管理功能。

（1）BIM 工程资源管理功能。该功能只对数据管理员开放；提供模型上传、模型信息修改，以及模型 WBS 信息管理、模型发布的功能。待模型发布以后，模型才对有管辖权的应用者可见。

（2）WBS 关联管理功能。该功能只对数据管理员开放，提供将 WBS 管理层级与 BIM 模型构件进行关联功能，可以将两者进行绑定或者解除绑定。

3.BIM 应用

系统主界面分为三大部分，包括导航信息、模型列表、三维场景，以及工具栏。系统导航信息主要显示当前页面在系统中的层级；模型列表显示与当前用户相关的模型；三维场景为当前选中模型的显示区；菜单栏为对模型进行操作的按钮和应用按钮，如图 7.1-24 所示。

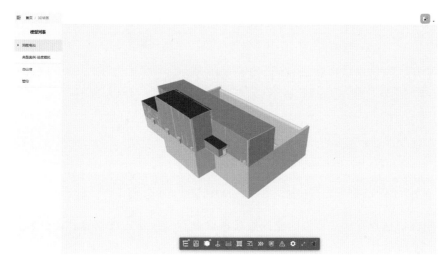

图 7.1-24　BIM 应用主界面

（1）属性信息总览功能。提供 BIM 模型构件的信息进行查看的功能，包括 BIM 应用信息（如果已经与 WBS 进行关联，则有）。

（2）多种模型结构树查看。提供默认结构树、进度 WBS 结构树、质量 WBS 结构树三种查看方式。

（3）测量功能。提供高程测量、面积测量、体积测量。

（4）剖切功能。提供沿 x、y、z 坐标轴的剪切，以及剪切盒子两种方式。

（5）进度管理功能。提供进度模拟功能和横道图对比功能。

（6）质量管理功能。提供将单元功能验收结果进行分类、直观显示，并可对详细信息查看。

（7）危险源管理功能。提供将危险源的发现及处置情况进行汇总显示。

（8）系统设置。提供对高程测量偏移值、进度模拟、质量验收单元显示进行设置功能。

4. 典型功能

（1）WBS 关联管理。实现 BIM 模型与建设管理的进度 WBS 以及质量 WBS 进行关联，把业务数据与 BIM 模型进行关联，赋予 BIM 模型数据，如图 7.1-25 所示。

图 7.1-25 WBS 信息关联

（2）属性信息查看。对模型的业务数据进行查看，包括进度信息、质量验评信息等，如图 7.1-26 所示。

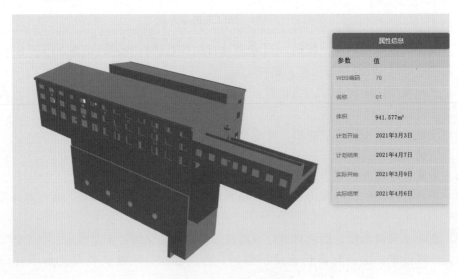

图 7.1-26 属性信息查看

（3）模型剖切。提供对 BIM 模型沿任意方向的剖切，如图 7.1-27 所示。

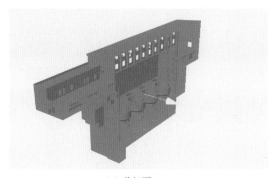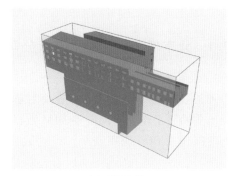

（a）剪切面　　　　　　　　　　　　　　（b）剪切盒子

图 7.1-27　模型剖切

（4）模型测量。提供高程测量、距离测量、体积测量功能，如图 7.1-28 所示。

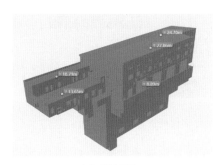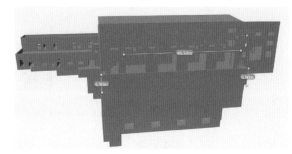

（a）高程测量　　　　　　　　　　　　　（b）距离测量

图 7.1-28　模型测量

（5）业务应用。包括对 4D 模拟、质量验评、危险源管控等，如图 7.1-29 所示。其中，4D 模拟可在时间轴上拖动显示任意时刻的工程形象面貌；质量验评将工程验评结果以可视化方式对结果进行展示，并可追溯、查看验评过程中的资料。

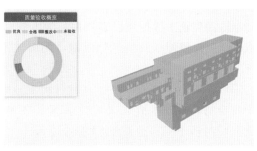

（a）进度模拟　　　　　　　　　　　　　（b）质量验评

图 7.1-29　业务应用

7.2　国内 BIM 咨询培训服务商

7.2.1　北京理正软件股份有限公司

1. 方案概述

理正勘察正向 BIM 及数字化交付解决方案（图 7.2-1），通过建立三维地质模型完成工程地质勘察工作，实现勘察 BIM 数据的正向流通，同时实现全数字化交付，并支撑下游的各项相关 BIM 应用。

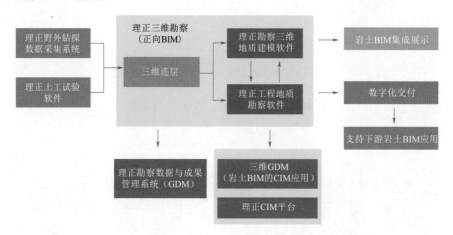

图 7.2-1　理正勘察正向 BIM 及数字化交付解决方案

方案包括：野外钻探数据采集软件、土工试验软件、工程地质勘察软件、三维辅助连层、勘察三维地质建模软件、岩土 BIM 集成展示软件、勘察数据与成果管理系统（GDM）、三维 GDM 系统（基于 CIM 平台）、岩土 BIM 集成展示、数字化交付接口、岩土 BIM 二次开发包、岩土 BIM 插件。

2. 理正勘察正向 BIM 及数字化交付系列介绍

（1）理正野外钻探数据采集系统。理正野外钻探数据采集系统通过勘察任务下达、移动端 App 对野外勘察数据实时录入，GPS 实时定位记录位置、时间以及图像采集；采集的数据信息可上传到服务器；可查看工作进度及工作量统计，并生成野外记录单；也可将数据导出到理正工程地质勘察软件，为野外勘察数据的采集、监督、施工质量检查以及工程事故调查提供便捷的信息化手段，同时该系统满足业务主管单位对勘察采集数据监管要求。

（2）理正土工试验软件。该软件可完成常规室内土工试验的数据录入、计算、曲线分析及绘制，自动生成成果汇总表格及各种试验记录表格，自动统计工作量并生成收费表，可向理正工程地质勘察软件传递土工室内试验数据，实现土工试验勘察报告编制一体化。

（3）理正三维勘察（正向 BIM）。

1）理正工程地质勘察软件（支持国产 CAD 平台）。采用理正新一代软件架构。可实现地质勘察数据录入及管理，平面图、剖面图、柱状图的绘制及编辑，统计分析、计算评价，形成地质勘察报告。实现与上、下游专业数据接口功能，实现勘察地质图形和数据联动设计，可通过配置平台实现更灵活多样的图件表达，简化操作。可同时支持 AutoCAD 平台和国产 CAD 平台。

2）理正三维辅助连层。利用钻孔数据及平面剖线信息，自动创建地表面和三维剖面连层，如图 7.2－2 所示。可进行层号及层底深度的编辑修改，剖面层线的二维和三维联动修改，并可进行层线的空间合法性检查，避免传统二维剖面在三维空间上的矛盾错误；为勘察工作提供了三维可视化内业整理工具，其成果可直接在勘察软件中生成高质量剖面图，也可以接口的形式将地表面、钻孔、剖面信息提供到三维地质建模软件中，降低三维建模难度，提高建模速度。

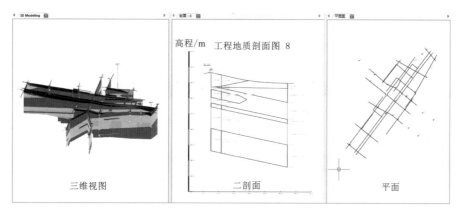

图 7.2－2　多视图操作模式

3）理正勘察三维地质建模软件。根据钻孔、地质平面图、纵断面图、剖面图等多源数据的灵活组合，创建复杂三维工程地质模型，包括土层、岩层、围岩以及断层、褶皱、破碎带、裂隙等地质构造，还可创建水文地质模型，包括涌水点、地表水体、地下水位面、集中渗流带、渗透分区模型、渗透分级模型等。

可通过剥层显示、影像贴图仿真显示、三维漫游动画等方式，进行模型展示；可对地质体进行任意方向的灵活剖切；可进行基坑、隧道、削坡等开挖活动；可实现开挖地质体的土方量估算；可在模型上布置剖线，生成剖面图，并直接导入理正勘察软件中进行编辑。某升压井地质模型如图 7.2－3 所示。

（4）理正勘察数据与成果管理系统（基于高德地图）。对勘察工程的数据、地质图件、勘察成果等资料进行综合管理，并与高德地图结合，实现勘察数据及成果的显示、条件查询、统计等功能。与理正工程地质勘察软件无缝衔接，实现勘察资料一键上传及查询结果快速提取并下载到勘察软件。同时提供用户和功能权限管理，保证工程资料的安全使用。

（5）理正三维 GDM 系统（基于国产理正 CIM 平台、轻量化）（图 7.2－4）。对勘察工程的数据、地质图件、勘察成果、三维地质模型等资料进行综合管理。并与 CIM 平台结合，实现勘察数据、成果文档、三维模型的显示查看、条件查询、统计等功能。与理正工程地质勘察软件无缝衔接，实现勘察资料一键上传及查询结果快速提取并下载到勘

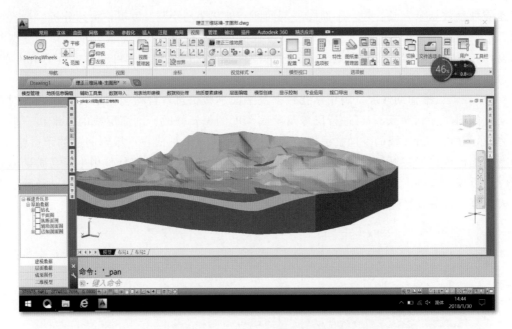

图 7.2-3 某升压井地质模型

图 7.2-4 三维 GDM（基于国产理正 CIM 平台）

察软件。同时提供用户和功能权限管理，保证工程资料的安全使用。

（6）理正数字化交付接口。数字化交付成果，统一管理和发布整个勘察外业流程中所有结构化、半结构化和非结构化数据。包括地质 BIM 模型、勘察数据库、勘察报告文件等项目全套数字化成果。文档和地质 BIM 模型建立关联关系。数字化交付成果发布界面如图 7.2-5 所示。

（7）理正岩土 BIM 集成展示（桌面版）。

本软件可对数字化交付成果进行整合与集成可视化展现。实现对工程地质模型、水文地质模型、构筑物模型、管线模型等组合、展现。还实现了各专题图件的集成展示，例如施工进度、监测模型、各种地质指标的二维、三维云图等。并支持轻量化展示，满足岩土 BIM 方案交流、成果汇报等场合的特殊要求。

（8）理正岩土 BIM 专业间协同。

1）理正岩土 BIM 二次开发包。理正岩土 BIM 二次开发包（SDK）是一个方便用户利用理正三维地质模型数据进行二次开发的软件包。主要面向具备软件开发能力的设计院、第三方软件开发商、行业应用集成商等用户，软件包支持主流的开发语言（如 C＋＋、C♯、Java 等），具备功能完善、易于使用、性能稳定的特点，可实现在第三方任意平台下进行理正三维地质模型应用的定制开发，最大限度满足二次开发用户的需求。

2）理正岩土 BIM 插件。理正岩土 BIM 插件基于用户协同设计的图形平台开发，包括岩土 BIM for Re-vit（地层开挖界面如图 7.2 - 6 所示）、岩土 BIM for

图 7.2 - 5　数字化交付成果发布界面

Bentley（地层剖切界面如图 7.2 - 7 所示）、基坑支护设计、边坡支挡设计等内容。增加了支护桩、护坡梁、排水沟、挡土墙、锚杆等专业的族，为在 Revit、Microstation 上进行岩土设计降低难度、提高效率。

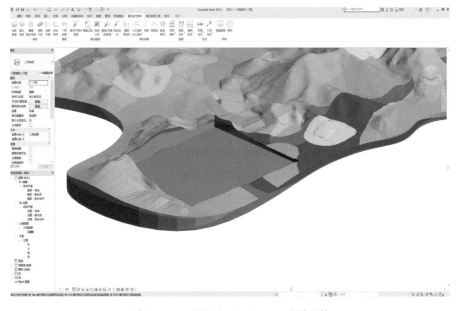

图 7.2 - 6　BIM for Revit——地层开挖

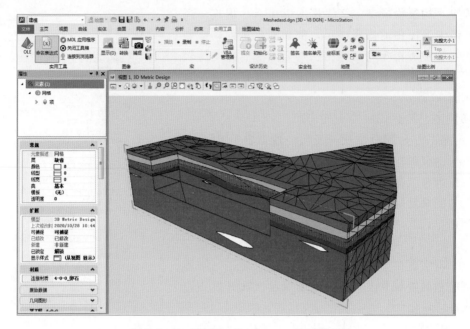

图 7.2-7　BIM for Bentley——地层剖切

7.2.2　北京构力科技有限公司

北京构力科技有限公司（简称构力科技）是中国建筑科学研究院有限公司（简称中国建研院）下属企业，是我国建筑行业在计算机技术领域开发应用最早的单位之一，构力科技根植于中国建筑科学研究院有限公司博大精深的技术底蕴，一直肩负着成为中国建筑业软件与信息化发展的引领者的使命，坚持自主创新研发，其研发的 PKPM 产品涵盖了建筑、结构、机电、绿色建筑全专业应用，以及面向设计、生产、施工、运维各阶段的应用软件或系统，成为国内房屋建筑的主要设计软件，为国内工程建设作出了卓越贡献。

近年来，构力科技积极承担国家解决工程建设行业"卡脖子"关键技术的"BIM 平台"重大项目，于 2021 年推出国内首款完全自主知识产权的 BIMBase 系统，并基于 BIMBase 平台推出了 PKPM-BIM 全专业协同设计系统、装配式建筑全流程集成应用系统、BIM 报建审批系统、智慧城区管理系统等 BIM 全产业链整体解决方案，积极推动建立自主 BIM 软件生态，全面助力我国工程建设行业的数字化转型。

1. 构力科技 BIM 产品和解决方案

北京构力科技有限公司基于 32 年自主图形技术的积累，承担了国家自主 BIM 平台软件攻坚项目，于 2021 年推出国内首款完全自主知识产权的 BIM 平台软件——BIMBase 系统，解决了中国工程建设长期以来缺失自主的 BIM 三维图形系统，以及国产 BIM 软件无"芯"等"卡脖子"的关键技术问题，实现了关键核心技术自主可控。构力科技 BIM 产品和解决方案如图 7.2-8 所示。

BIMBase 为中国建造提供了数字化基础平台，可实现建筑、电力、交通、水利、石化等行业的数字化建模、设计、交付、审查、归档。通过开放的二次开发接口，支持软件

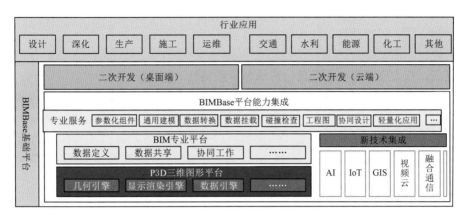

图 7.2-8 BIM 产品和解决方案

开发企业研发各种行业软件，随着大量基于 BIMBase 开发的全国产 BIM 应用软件陆续完成，将形成覆盖建筑全生命周期的国产软件体系，逐步建立起自主 BIM 软件生态。

2021 年 4 月 25 日，在福州市召开的第四届数字中国建设峰会上，国务院国资委首次对外发布国有企业科技创新十大成果。北京构力科技有限公司研发的自主可控 BIMBase 系统作为工业软件类入选。2021 年 5 月 30 日，国务院国资委向全社会发布 2020 年版《中央企业科技创新成果推荐目录》，BIMBase 建模软件作为基础工业软件位列其中如图 7.2-9 所示。

（a）BIMBase 系统功能

（b）《中央企业科技创新成果推荐目录》

图 7.2-9 BIMBase 系统功能和《中央企业科技创新成果推荐目录》图

2. 核心技术

BIMBase 基于自主三维图形引擎 P3D，可提供几何造型、显示渲染、数据管理三大引擎，以及参数化组件、通用建模、数据转换、数据挂载、协同设计、碰撞检查、工程制图、轻量化应用、二次开发等九大功能。其主要功能如下：

（1）建模：BIMBase 可满足工程项目大体量建模需求，完成各类复杂形体和构件的参数化建模，模型细节精细化处理，可添加专业属性。

（2）协同：BIMBase 可实现多专业数据的分类存储与管理，以及多参与方的协同工作。

（3）集成：BIMBase 具备一站式的模型组织能力，提供常见 BIM 软件数据转换接口，可集成各领域、各专业、各类软件的 BIM 模型，满足全场景大体量 BIM 模型的完整展示。

（4）展示：BIMBase 可实现大场景模型的浏览、实景漫游，制作渲染、动画，模拟安装流程，查看细节。

（5）制图：BIMBase 完成各类二维工程图的绘制，提供二维绘图和编辑工具，包括图层、线型、文字、尺寸、表格等。

（6）交付：BIMBase 可作为数字化交付的最终出口，提供依据交付标准的模型检查，保证交付质量。

（7）资源：BIMBase 支持建立参数化组件库，可建立开放式的共享资源库，使应用效率倍增。

（8）多端：BIMBase 提供桌面端、移动端、Web 端应用模式，支持公有云、私有云、混合云架构的云端部署。

（9）开放：BIMBase 提供二次开发接口，可开发各类专业插件，建立专业社区，助力形成国产 BIM 软件生态。

3. BIMBase 在数据管理、一体化设计、协同设计中的优势

BIMBase 平台架构设计以数据为中心，支持定义行业数据标准，同时支持通过数据自定义扩展属性方式补充数据信息以满足后期审查、运维数据交付的需要；在数据管理调度上支持按需加卸载数据，满足 BIM 设计中多专业、大场景需要，提高设计交互效率。

基于 BIMBase 平台开发 BIM 设计的建筑、结构、电气、给排水、暖通模块，各专业模块集成于 BIMBase 平台，能够实现专业间数据互联互通，互相参照、提资，快速定位不同专业间的构件碰撞、冲突，避免后期合模工作量与使用不同专业软件之间带来的数据丢失风险。

BIMBase 提供构件级协同与文件级协同两种协同设计机制，构件级协同能够实现上传、下载、权限管理、版本对比、构件协同设计全流程，支持基于 BIMBase 开发的插件模块实现跨专业、多人协同设计；文件级协同基于云管理模式能够实现模型浏览、模型批注、模型分享、专业合模，同时支持 PC 端、移动端、iPad 端，不受终端设备影响，适用于各类工作场景。

4. 与其他平台模型兼容性

（1）支持 Revit、Microstation、CATIA、ArchiCAD、Tekla、StetchUp、3D MAX、Rhino、AutoCAD 等软件的模型导入导出。

（2）支持 IFC、GIM、FBX、OBJ 等 70 种数据格式的导入。

（3）支持国产及国外操作系统。

7.2.3 其他服务商

7.2.3.1 北京盈建科软件股份有限公司

北京盈建科软件股份有限公司（简称盈建科）是面向国内及国际市场的建筑结构设计软件，既有中国规范版，也有国际规范版。盈建科通过先进的 BIM 建筑信息模型技术和信息化技术为建设工程行业可持续发展提供长久支持。

为了解决结构设计信息在 Revit 中传递的技术瓶颈，基于自身的技术优势，盈建科推出了基于 Revit 的三维结构设计软件 Revit - YJKS。从通用工具、辅助建模、结构模型、结构平面、施工图等方面给出了全套解决方案，有效地突破了 Revit 在结构专业应用的数据孤岛，最大程度地实现了结构模型信息和 Revit 模型信息的实时共享。

7.2.3.2 超图软件

超图集团是全球第三大、亚洲第一大地理信息系统（GIS）软件厂商，自 1997 年成立以来，超图聚焦地理信息系统相关软件技术研发与应用服务，下设基础软件、应用软件、云服务三大 GIS 业务板块。目前主要应用于：

（1）新一代三维 GIS 技术体系。以二维、三维一体化 GIS 技术为基础框架，进一步拓展全空间数据模型及其分析计算能力；更全面地融合倾斜摄影模型、BIM、激光点云、三维场、地质体等多源异构数据，制定开放的《空间三维模型数据格式》（S3M）标准、《空间三维模型数据服务接口》标准，完善三维 GIS 标准体系；基于分布式地理处理工具实现手工建模数据、BIM、倾斜摄影模型、激光点云、地形等三维数据的高效全流程管理；集成 WebGL、虚拟现实（VR）、增强现实（AR）、游戏引擎、3D 打印等 IT 新技术，推动构建室外室内一体化、宏观微观一体化与空天/地表/地下一体化的数字孪生空间，赋能全空间的新一代三维 GIS 应用。

（2）智慧水利（水利一张图）。以实现水利数据资源整合应用与共享为目的，以公共基础地理数据和水利核心业务数据为基础，通过综合运用云计算、大数据、服务融合等技术手段，对多时空水利数据进行综合管理，打破数据壁垒；提供标准服务接口，实现水利业务应用系统的快速搭建以及提供规范、高效、丰富的功能及服务共享；构筑统一平台，开展大数据分析，赋能水利业务应用，为水利业务用户提供集浏览、查询、统计、分析于一体的二维、三维一体化综合展示，加快智慧水利发展进程。

附录　近几年国家、行业、团体及部分省市发布的标准

标准类别	发布机构	名　称	发布时间	实施时间	简　介
国家	住房和城乡建设部	《建筑工程信息模型应用统一标准》（GB/T 51212—2016）	2016年12月	2017年7月1日	我国第一部建筑信息模型应用的工程建设标准，提出了工建筑工程信息模型应用的基本要求，是建筑信息模型应用的基础标准，可作为我国建筑信息模型应用及相关标准研究和编制的依据
		《建筑信息模型分类和编码标准》（GB/T 51269—2017）	2017年10月	2018年5月1日	规范建筑信息模型中信息的分类和编码，实现建筑工程全生命周期信息的交换与共享，推动建筑信息模型的应用发展。对应于BIM分类编码标准OmniClass
		《建筑信息模型施工应用标准》（GB/T 51235—2017）	2017年5月	2018年1月1日	贯彻执行国家技术经济政策、规范和引导施工阶段建筑信息模型应用，提升施工信息化水平，提高信息应用效率和效益。对应于IDM标准
		《建筑信息模型设计交付标准》（GB/T 51301—2018）	2018年12月	2019年6月1日	该标准是国家BIM标准重要组成部分。梳理了设计业务特点，同时面向BIM信息的交付准备、交付过程、交付成果均做出了规定。对应于BIM模型过程标准中的IDM、MVD标准
		《制造工业工程设计信息模型应用标准》（GB/T 51362—2019）	2019年5月	2019年10月1日	统一制造工业工程信息模型应用的技术要求、统筹整理工程规划、设计、施工与运维信息、建设数字化工厂、提升制造业工程的技术水平
		《石油化工工程数字化交付标准》（GB/T 51296—2018）	2018年9月	2019年3月1日	规范工程建设数字化交付工作，制定本标准。适用于石油化工工程项目设计、施工直至工程中间交接阶段的数字化交付
		《BIM建筑电气常用构件参数》16DX012-1	2016年8月	2016年9月1日	规范和统一建筑电气工程领域所涉及到的常用设备和管线构件信息，为BIM建筑电气标准设计奠定基础
		《综合管廊工程BIM应用》18GL102	2018年6月	2018年6月1日	适用于城市综合管廊等类似工程的BIM应用、城市地下通道、工业管廊等类似工程也可参考

续表

标准类别	发布机构	名　称	发布时间	实施时间	简　介
国家	国家标准化管理委员会	《智慧城市评价模型及基础评价指标体系 第1部分：总体框架及分项评价指标制定的要求》（GB/T 34680.1—2017）	2017年10月	2018年5月1日	适用于智慧城市整体评价指标和分项评价指标的制定，也适用于智慧城市整体和分领域建设项目的规划、设计与评价工作
		《智慧城市评价模型及基础评价指标体系 第2部分：信息基础设施》（GB/T 34680.2—2021）	2021年4月	2021年11月1日	规定了智慧城市信息基础设施的评价指标，适用于智慧城市信息基础设施的评价
		《智慧城市评价模型及基础评价指标体系 第3部分：信息资源》（GB/T 34680.3—2017）	2017年10月	2018年5月1日	规定了智慧城市信息资源的评价指标，适用于智慧城市信息资源的评价
		《智慧城市评价模型及基础评价指标体系 第4部分：建设管理》（GB/T 34680.4—2018）	2018年6月	2019年1月1日	为了有效支撑国家新型智慧城市的建设工作，根据国家标准化管理委员会《关于下达2013年第一批国家标准制修订计划的通知》（国标委综合〔2013〕56号）的要求，任总体框架和分项制定要求的指导下，全国智标委编写了智慧城市建设方面的国家标准
	国家市场监督管理总局、国家标准化管理委员会	《智能水电厂公共信息模型技术要求》（GB/T 40234—2021）	2021年5月	2021年12月1日	规定了基于DL/T 860.7410—2016的计算机监控、保护与监测信息模型的建模原则，定义了智能水电厂控制、保护、调速、励磁、状态监测、水情水调、大坝安全监测等相关系统的信息模型，适用于智能水电厂
行业	住房和城乡建设部	《2015年工程建设标准规范制订、修订计划》（建标〔2013〕6号）	2015年1月	2015年1月1日	实施、贯彻落实国家节能减排、资源节约与利用、环境保护等要求，保障工程质量安全，促进工程建设技术进步
		《建筑工程设计信息模型制图标准》（JGJ/T 448—2018）	2018年12月	2019年6月1日	统一建筑信息模型表达，保证表达质量，提高信息传递效率、协调项目各参与设计信息的目的
		《工程建设项目业务协同平台技术标准》（CJJ/T 296—2019）	2019年3月	2019年9月1日	为规范工程建设项目业务协同平台建设，统筹项目策划实施、促进部门空间治理协同、深化工程建设项目审批制度改革、提升政务服务水平，制定本标准

续表

标准类别	发布机构	名　　称	发布时间	实施时间	简　　介
行业	中国民用航空局	《民用运输机场建筑信息模型应用统一标准》(MH/T 5042—2020)	2020 年 2 月	2020 年 3 月 1 日	标准主要规定了模型架构、命名规则、模型要求、准备要求、建设过程应用、成果移交、运维阶段应用等相关标准
	交通运输部	《水运工程信息模型应用统一标准》(JTS/T 198－1－2019)	2019 年 10 月	2019 年 12 月 31 日	推进信息模型在工程中的应用、完善水运工程标准体系，适应水运工程发展需要
		《水运工程设计信息模型应用标准》(JTS/T 198－2－2019)	2019 年 10 月	2019 年 12 月 31 日	推进信息模型在工程中的应用、完善水运工程标准体系，适应水运工程发展需要
		《水运工程施工信息模型应用标准》(JTS/T 198－1—2019)	2019 年 10 月	2019 年 12 月 31 日	推进信息模型在工程中的应用、完善水运工程标准体系，适应水运工程发展需要
		《公路工程信息模型应用统一标准》(JTG/T 2420—2021)	2021 年 2 月	2021 年 6 月 1 日	规范信息模型在公路工程全生命周期应用的技术要求，适用于新建和改建扩建公路工程
		《公路工程设计信息模型应用标准》(JTG/T 2421—2021)	2021 年 2 月	2021 年 6 月 1 日	规范信息模型在公路工程设计阶段应用的技术要求，适用于新建和改建扩建公路工程设计
		《公路工程施工信息模型应用标准》(JTG/T 2422—2021)	2021 年 2 月	2021 年 6 月 1 日	规范信息模型在公路工程施工阶段应用的技术要求，适用于各等级新建和改建扩建公路工程施工
	国家能源局	《水电工程信息模型数据描述规范》NB/T 10507—2021	2021 年 1 月	2021 年 7 月 1 日	规定了水电工程信息模型的数据描述体系结构、领域模式、属性扩展规则及方法，适用于水电工程信息模型的数据描述及应用
		《水电工程信息模型设计交付规范》(NB/T 10508—2021)	2021 年 1 月	2021 年 7 月 1 日	确立了水电工程信息模型设计交付的基本要求、规定了水电工程信息模型设计交付的交付准备、交付物、交付协同、交付平台等方面的内容，适用于水电工程信息模型设计交付，以及各参与方之间内部信息传递的过程

续表

标准类别	发布机构	名　称	发布时间	实施时间	简　介
	中国水利水电勘测设计协会	《水利设计应用标准》（T/CWHIDA 0005—2019）	2019 年 5 月	2019 年 8 月 22 日	推进我国水利水电工程信息模型技术的发展、规范和引导水利水电工程设计阶段信息模型技术的应用，提高水利水电工程信息模型的应用效率和效益
		《水利水电工程设计信息模型交付标准》（T/CWHIDA 0006—2019）	2019 年 10 月	2020 年 1 月 20 日	规范水利水电工程信息模型设计模型交付，提高水利水电工程信息模型的应用水平
		《水利水电工程信息模型分类和编码标准》（T/CWHIDA 0007—2020）	2020 年 1 月	2020 年 4 月 6 日	对水利水电工程设计信息模型中的对象实体及其所承载的信息的分类方法和编码规则进行指导，给出相关表述方式
		《水利水电工程信息模型存储标准》（T/CWHIDA 0009—2020）	2020 年 5 月	2020 年 7 月 30 日	适用于水利水电工程全生命期各个阶段的水利水电工程信息模型的存储和交换，并适用于水利水电工程信息模型应用软件输入和输出数据通用格式及一致性的验证
团体	中国建筑装饰协会	《建筑装饰装修工程 BIM 实施标准》（T/CBDA-3-2016）	2016 年 9 月	2016 年 12 月 1 日	推动 BIM 在建筑装饰工程中的实施，提升装饰装修行业信息模型应用水平
		《建筑幕墙工程 BIM 实施标准》（T/CBDA-7-2016）	2016 年 12 月	2017 年 3 月 15 日	实施，提升建筑幕墙行业信息化水平，保证建筑幕墙工程 BIM 实施安全可靠、绿色节能、资源共享、经济合理
		《轨道交通车站装饰装修工程 BIM 实施标准》（T/CBDA 24-2018）	2018 年 12 月	2019 年 3 月 6 日	实施，提高轨道交通车站装饰装修工程 BIM 实施的水平，保证轨道交通车站装饰装修工程质量
	中国工程建设标准化协会	《2017 年第一批中国 BIM 标准制修订计划》（信息标委会〔2017〕2 号）	2017 年 4 月		详见以下各规范
		《规划和报建 P-BIM 软件功能与信息交换标准》（T/CECS-CBIMU 1-2017）	2017 年 6 月	2017 年 10 月 1 日	实施，推进 P-BIM 软件在工业与民用建筑规划和报建开发与应用，以及与规划和报建相关子模型数据的互用与管理

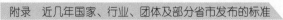

续表

标准类别	发布机构	名　　称	发布时间	实施时间	简　　　介
		《规划审批 P－BIM 软件功能与信息交换标准》（T/CECS－CBIMU 2—2017）	2017 年 6 月	2017 年 10 月 1 日	实施、推进 P－BIM 软件在工程建设领域规划审批的开发与应用，以及与规划审批相关模型数据的互用与管理
		《岩土工程勘察 P－BIM 软件功能与信息交换标准》（T/CECS－CBIMU 3—2017）	2017 年 6 月	2017 年 10 月 1 日	实施、推进 P－BIM 软件在工业与民用建筑岩土工程勘察的开发与应用，以及与岩土工程勘察相关模型数据的互用与管理
		《建筑基坑设计 P－BIM 软件功能与信息交换标准》（T/CECS－CBIMU 4—2017）	2017 年 6 月	2017 年 10 月 1 日	实施、推进 P－BIM 软件在工业与民用建筑基坑设计的开发与应用，以及与建筑基坑设计相关模型数据的互用与管理
		《地基基础设计 P－BIM 软件功能与信息交换标准》（T/CECS－CBIMU 5—2017）	2017 年 6 月	2017 年 10 月 1 日	实施、推进 P－BIM 软件在工业与民用建筑地基基础设计的开发与应用，以及与地基基础设计相关子模型数据的互用与管理
团体	中国工程建设标准化协会	《地基工程监理 P－BIM 软件功能与信息交换标准》（T/CECS－CBIMU 6—2017）	2017 年 6 月	2017 年 10 月 1 日	实施、推进 P－BIM 软件在工业与民用建筑地基工程监理的开发与应用，以及与地基工程相关子模型数据的互用与管理
		《混凝土结构设计 P－BIM 软件功能与信息交换标准》（T/CECS－CBIMU 7—2017）	2017 年 6 月	2017 年 10 月 1 日	实施、推进 P－BIM 软件在工业与民用建筑混凝土结构设计的信息交换，以及与混凝土结构设计相关子模型数据的互用与管理
		《钢结构设计 P－BIM 软件功能与信息交换标准》（T/CECS－CBIMU 8—2017）	2017 年 6 月	2017 年 10 月 1 日	实施、推进 P－BIM 软件在工业与民用建筑钢结构设计的编制，以及与钢结构相关子模型数据的互用与管理
		《砌体结构设计 P－BIM 软件功能与信息交换标准》（T/CECS－CBIMU 9—2017）	2017 年 6 月	2017 年 10 月 1 日	实施、推进 P－BIM 软件在工业与民用建筑砌体结构设计的应用，以及与砌体结构数据的互用与管理
		《给排水设计 P－BIM 软件功能与信息交换标准》（T/CECS－CBIMU 10—2017）	2017 年 6 月	2017 年 10 月 1 日	实施、推进 P－BIM 软件在建筑给排水设计的开发与应用，以及与给排水设计相关子模型数据的互用与管理
		《供暖通风与空气调节设计 P－BIM 软件功能与信息交换标准》（T/CECS－CBIMU 11—2017）	2017 年 6 月	2017 年 10 月 1 日	实施、推进与开发与应用建筑供暖通风与空气调节设计的子模型信息交换与管理

续表

标准类别	发布机构	名　　称	发布时间	实施时间	简　　介
团体	中国工程建设标准化协会	《电气设计 P－BIM 软件功能与信息交换标准》（T/CECS－CBIMU 12—2017）	2017 年 6 月	2017 年 10 月 1 日	实施、推进 P－BIM 软件在电气设计的开发与应用，以及与电气设计相关子模型数据的交换与管理
		《绿色建筑设计评价 P－BIM 软件功能与信息交换标准》（T/CECS－CBIMU 13—2017）	2017 年 6 月	2017 年 10 月 1 日	实施、推进 P－BIM 软件在民用绿色建筑设计评价阶段的开发与应用，以及绿色建筑设计相关子模型数据的互用与管理
		《城市道路工程设计建筑信息模型应用规程》（T/CECS－701—2020）	2020 年 5 月	2020 年 11 月 1 日	指导我国城市道路工程建设信息化的实施，规范城市道路工程设计阶段的建筑信息模型应用要求，提高信息应用效率和质量，适用于城市范围内新建、改建和扩建的各级城市道路工程在设计阶段的模型创建、使用和管理
	中国安装协会	《建筑机电工程 BIM 构件库技术标准》（CIAS 11001：2015）	2015 年 7 月	2015 年 7 月 8 日	实施、统一建筑机电工程 BIM 构件库建设，提高 BIM 技术应用质量和效益，支撑机电工程建设信息化实施和运维管理
	铁路 BIM 联盟	《铁路工程信息模型分类和编码标准（1.0 版）》（CRBIM1001—2014）	2014 年 12 月	2015 年 1 月 1 日	实施、规范铁路工程信息模型的分类、编码、实现铁路工程全生命周期信息的交换、共享，推动铁路工程信息模型的应用发展
		《铁路工程信息模型数据存储标准（1.0 版）》（CRBIM 1002－1—2015）	2015 年 12 月	2016 年 1 月 1 日	实施、规范铁路工程领域的基础数据模型。该数据模型中的元素可以被不同编码方式使用
		《铁路四电工程信息模型数据存储标准（1.0 版）》（CRBIM 1002－2—2016）	2016 年 7 月	2016 年 7 月 8 日	实施、规范铁路四电工程领域的基础数据模型。该数据模型中的元素可以被不同技术平台的不同编码方式使用
		《铁路工程信息模型表达标准（1.0 版）》（CRBIM 1003—2017）	2017 年 9 月	2017 年 9 月 6 日	实施、规范铁路工程信息模型的表达，协调铁路工程各参与方识别铁路工程信息的方式
		《铁路工程信息模型交付精度标准（1.0 版）》（CRBIM 1004—2017）	2017 年 9 月	2017 年 9 月 6 日	实施、确保工程设计参与各方所交付的铁路工程信息模型几何精度和信息深度科学合理，满足实际工程需求

续表

标准类别	发布机构	名　称	发布时间	实施时间	简　介
团体	铁路 BIM 联盟	《面向铁路工程信息模型应用的地理信息交付标准（1.0 版）》（CRBIM 1005—2017）	2017 年 9 月	2017 年 9 月 6 日	实施、规范铁路工程信息模型中 GIS 相关内容的交付，实现铁路工程全生命周期信息在不同阶段间的共享、传递、推动铁路工程信息模型的建设、应用和发展
		《基于信息模型的铁路工程施工图设计文件编制办法（1.0 版）》（CRBIM 1006—2017）	2017 年 9 月	2017 年 9 月 6 日	实施、规范采用 BIM 技术的铁路工程施工图文件组成和内容，使其达到所需的深度要求，并尽量减少因采用 BIM 技术增加的工作量，引导行业逐步使用信息模型替代传统二维图纸
		《铁路工程 WBS 工项分解指南（试行）》（CRBIM 1007—2017）	2017 年 9 月	2017 年 9 月 6 日	实施、加强铁路工程建设的信息化，标准化管理，本指南采用分连分法对铁路工程进行 WBS 工项分解，满足项目管理的需求
		《铁路工程数量标准格式编制指南》（CRBIM 1008—2017）	2017 年 9 月	2017 年 9 月 6 日	实施、加强铁路工程建设的信息化、标准化管理，本指南的工程数量标准格式表是在初步设计、施工图阶段设计方交付的 BIM 设计产品之一，是项目概、预算的重要依据
		《铁路工程信息交换模板编制指南（试行）》（CRBIM 1009—2017）	2017 年 9 月	2017 年 9 月 6 日	实施、确保铁路设计、施工阶段参建各方为后期运维管理阶段预留必要的信息，提升运维管理阶段设施设备管理水平和质量
	中国勘测设计行业市政工程设计分会	《中国市政设计行业 BIM 实施指南》	2015 年 8 月		加大 BIM 技术在设计领域的应用，提高设计效率和质量，对国家 BIM 标准的编写方面开展工作
北京市	北京市质量技术监督局和规划委员会	《民用建筑信息模型设计标准》（DB11/T 1069—2014）	2014 年 2 月	2014 年 9 月 1 日	进一步提高首都勘察设计行业的信息化技术水平，提高首都设计行业对 BIM 技术的认识，并将为今后北京市城乡规划设计、管理与运行的有效进行合奠定了基础

续表

标准类别		发布机构	名　称	发布时间	实施时间	简　介
北京市		北京市质量技术监督局、北京市住房和城乡建设委员会	《民用建筑信息模型深化设计建模细度标准》（DB11/T 1610—2018）	2018 年 12 月	2019 年 4 月 1 日	为贯彻落实建筑业信息化发展政策、规范和引导施工深化设计模型的建模细度、提高模型质量和应用效率，编制本标准
河北省		住房和城乡建设厅	《建筑信息模型设计应用标准》（DB13（J）/T 284—2018）	2018 年 12 月	2019 年 2 月 1 日	在设计阶段规范、创建、应用建筑信息模型，指导设计过程，为后续阶段提供基础模型
			《建筑信息模型施工应用标准》（DB13（J）/T 285—2018）	2018 年 12 月	2019 年 2 月 1 日	推动河北省建筑行业信息化实施，规范和引导施工阶段建筑信息模型应用
			《建筑信息模型应用统一标准》（DB13（J）/T 213—2016）	2016 年 7 月	2016 年 9 月 1 日	为贯彻执行国家建筑信息化发展政策，推动河北省建筑行业信息化发展、统一建筑信息模型应用要求，制定本标准
		市场监督管理局	《水利水电工程建筑信息模型应用标准》（DB13/T 5003—2019）	2019 年 7 月	2019 年 8 月 1 日	本标准适用于新建、改建、扩建或除险加固水利水电工程的全生命期的模型创建与应用
山西省			《建筑信息模型应用统一标准》（DBJ04/T 380—2019）	2019 年 1 月	2019 年 3 月 1 日	由山西省建筑设计研究院负责具体技术内容解释
		住房和城乡建设厅	《城市轨道交通建筑信息模型建模标准》（DBJ04/T 412—2020）	2020 年 7 月	2020 年 10 月 1 日	推动山西省城市轨道交通工程建筑信息模型创建的标准化和规范化、提高城市轨道交通工程建设及运行维护信息化效率。适用于山西省行政区域内新建、扩建、改建的城市轨道交通工程全生命周期建筑信息模型的创建
			《城市轨道交通建筑信息模型数字化交付标准》（DBJ04/T 413—2020）	2020 年 7 月	2020 年 10 月 1 日	推动山西省城市轨道交通建筑信息模型创建的标准化和规范化、提升信息利用效率、提高城市轨道交通工程建设及运行维护信息化水平。适用于山西省各市行政区域内新建、扩建、改建的城市轨道交通工程信息模型的交付

续表

标准类别	发布机构	名　称	发布时间	实施时间	简　介
广东省	住房和城乡建设厅	《广东省建筑信息模型应用统一标准》（DBJ/T 15－142—2018）	2018年7月	2018年9月1日	贯彻执行国家技术经济政策，推进工程建设信息化实施，加快转变建筑业生产方式，提升建筑工程综合效益，推动BIM的深度应用
		《城市轨道交通建筑信息模型（BIM）建模与交付标准》（DBJ/T 15－160—2019）	2019年8月		城市轨道交通建筑信息模型建模与交付，支持"规划-设计-施工-运维"阶段的设备设施全生命周期管理，实现各阶段信息传递与应用，提升城市轨道交通信息化水平
辽宁省		《装配式建筑信息模型应用技术规程》（DB21/T 3177—2019）	2019年9月	2019年10月30日	指导和规范辽宁省装配式建筑工程BIM技术应用，提升建设工程全生命周期的质量、效率和管理能力，提高工程建设行业信息化水平
		《辽宁省城市信息模型（CIM）基础平台建设运维标准》（DB21/T 3406—2021）	2021年4月	2021年5月30日	规范辽宁省各地市城市信息模型（CIM）基础平台体系架构、功能和运维，推动城市转型和高质量发展，推动城市治理体系和治理能力现代化。适用于指导辽宁省各地市建设和管理城市信息模型（CIM）基础平台，在原有系统的基础上进行扩建升级
	住房和城乡建设厅、市场监督管理局	《辽宁省城市信息模型（CIM）数据标准》（DB21/T 3407—2021）	2021年4月	2021年5月30日	规范城市信息模型（CIM）数据的分级分类、构成、内容与结构、入库更新与共享应用，指导城市信息模型（CIM）基础平台应用，支撑工程建设项目审批管理和跨部门的共享应用。适用于指导城市规划、设计、建设、运行及管理等部门和单位，按统一的标准更新、共享和同应用城市信息模型（CIM）数据
		《辽宁省施工图建筑信息模型交付数据标准》（DB21/T 3408—2021）	2021年4月	2021年5月30日	构建辽宁省勘察设计行业的数字化交付体系，落实辽宁省数字化、信息化战略，推动数字交付在勘察设计领域的进程、配合辽宁省城市信息模型（CIM）基础平台建设，适用于辽宁省建筑工程新建、改建和扩建项目施工图建筑信息模型数据的交付及相关活动
		《辽宁省竣工验收建筑信息模型交付数据标准》（DB21/T 3409—2021）	2021年4月	2021年5月30日	构建辽宁省勘察设计行业的数字化交付体系，落实辽宁省数字化、信息化战略，推动数字交付在勘察设计领域的进程、配合辽宁省城市信息模型（CIM）基础平台建设，适用于辽宁省建筑工程新建、改建和扩建项目竣工验收建筑信息模型数据的交付及相关活动

续表

标准类别	发布机构	名 称	发布时间	实施时间	简 介
辽宁省	市场监督管理局	《装配式建筑信息模型应用技术规范》(DB21/T 3177—2019)	2019 年 9 月	2019 年 10 月 30 日	为加快推进工程建设信息化和建筑产业现代化，指导和规范辽宁省装配式建筑工程 BIM 技术应用，提升建设工程全生命周期的质量、效率和管理能力，提高工程建设行业信息化水平，制定本规程
天津市	住房和城乡建设委员会	《天津市民用建筑信息模型（BIM）设计应用标准》(DB/T 29－271—2019)	2019 年 10 月	2019 年 11 月 1 日	加快转变建筑业生产方式，提高工程建设信息化水平，推动天津市建筑信息模型技术的深度发展，促进 BIM 技术在建筑设计领域的系统应用
		《天津市城市轨道交通管线综合 BIM 设计应用标准》(DB/T 29－268—2019)	2019 年 9 月	2019 年 11 月 1 日	促进天津市轨道交通工程 BIM 技术应用，确保管线综合 BIM 设计水平，保证城市轨道交通设计和实施质量
上海市	住房和城乡建设委员会	《政道路桥梁信息模型应用标准》(DG/TJ 08－2204—2016)	2016 年 5 月	2016 年 10 月 1 日	支撑工程建设信息化实施，统一市政道路桥梁信息模型应用要求，提高信息应用效率和效益
		《上海市建筑信息模型应用标准》(DG/TJ 08－2201—2016)	2016 年 4 月	2016 年 9 月 1 日	为规范建筑信息模型应用，提高建筑信息模型应用质量，特制定本标准
		《城市轨道交通信息模型技术标准》(DG/TJ 08－2202—2016)	2016 年 5 月	2016 年 10 月 1 日	为指导本市城市轨道交通全寿命期 BIM 技术的应用开展，推进 BIM 技术在城市轨道交通行业的广泛深入应用，实现轨道交通项目 BIM 应用与管理的规范化与科学化，特制定本标准
		《城市轨道交通信息模型交付标准》(DG/TJ 08－2203—2016)	2016 年 5 月	2016 年 10 月 1 日	为规范本市城市轨道交通信息模型交付管理的规范化与科学化，实现轨道交通信息模型的广度和深度，特制定本标准
		《市政给排水信息模型应用标准》(DG/TJ 08－2205—2016)	2016 年 9 月	2016 年 10 月 1 日	本标准适用于上海市市政给水管道、泵站、水处理厂全寿命期信息模型的创建、应用和管理
		《人防工程设计信息模型交付标准》(DG/TJ 08－2206—2016)	2016 年 5 月	2016 年 11 月 1 日	本标准适用于采用 BIM 技术设计的新建工程，兼顾设防和改扩建人防工程在技术条件相同下可适用本标准

续表

标准类别	发布机构	名　称	发布时间	实施时间	简　介
上海市	住房和城乡建设委员会	《岩土工程信息模型技术标准》（DG/TJ 08-2278—2018）	2018 年 10 月	2019 年 3 月 1 日	本标准适用于上海地区岩土工程信息模型的创建、应用和管理
		《水利工程信息模型应用标准》（DG/TJ 08-2307—2019）	2019 年 12 月	2020 年 5 月 1 日	本标准适用于新建、扩建、改建的水利工程及其配套工程的信息模型在工程全生命周期的应用
	住房和城乡建设厅	《建筑信息模型（BIM）应用统一标准》（DB33/T 1154—2018）	2018 年 6 月		建筑工程施工领域 BIM 应用标准。规范和指导浙江省 BIM 技术应用和发展，为浙江省 BIM 技术的进一步推广和企业 BIM 技术应用能力提升奠定基础
		《企业建筑信息模型（BIM）实施能力成熟度评估标准》（T/SC024638L18ES1）	2018 年 11 月		促进 BIM 技术在规划、勘察、设计、施工和运行维护全过程的集成应用，为浙江工程建设项目全生命周期数据共享和信息化管理
浙江省	市场监督管理局	《数字化改革 公共数据分类分级指南》（DB33/T 2351—2021）	2021 年 7 月	2021 年 8 月 5 日	《指南》的制定与实施，将有助于规范处理数据共享与开发、发展与安全、效率与公平的关系，促进公共数据共享开放和增值利用，强化浙江省数字化改革的数据安全基础，推进数字浙江整体智治，为省域治理现代化沉淀"浙江经验"
		《数字化改革术语定义》（DB33/T 2350—2021）	2021 年 7 月	2021 年 8 月 5 日	适用于浙江省党政机关整体智治、数字政府、数字经济、数字社会和数字法治五大领域和一体化智能化公共数据平台以及相关理论体系和制度规范体系的建设
		《数字化改革 公共类数据目录编制规范》（DB33T 2349—2021）	2021 年 7 月	2021 年 8 月 5 日	规定了信息系统普查、数据目录梳理、数据目录审核和数据目录编制的要求。适用于公共数据目录编制，企事业单位可参照执行
河南省	住房和城乡建设厅	《民用建筑信息模型应用标准》（DBJ41/T201—2018）	2018 年 11 月		《标准》充分考虑河南省民用建筑工程、市政工程（道路、桥梁）、市政工程（综合管廊）和水利工程项目情况及现阶段BIM 应用特点，建立统一、开放，可操作的全生命周期各阶段 BIM 技术应用的分类编码、模型的创建、应用及管理等方面，指导设计、施工、咨询、监理和建设单位遵循统一标准体系进行 BIM 协同工作

续表

标准类别	发布机构	名 称	发布时间	实施时间	简 介
河南省	住房和城乡建设厅	《城市轨道交通信息模型应用标准》（DBJ41/T 235—2020）	2020年9月	2020年12月1日	规范和引导河南省建筑信息模型技术在城市轨道交通工程设计、施工、运维阶段的应用，提高模型及其应用在各阶段应用效率和效益，是开展城市轨道交通工程全生命期各阶段应用的通用原则。具体实施应在此基础上结合项目实际和行业信息化技术发展与扩展进行。适用于河南省新建、改建、扩建的城市轨道交通工程在设计、施工、运维等各阶段的建筑信息模型技术应用
		《市政工程信息模型应用标准（道路与桥梁）》（DBJ41/T 202—2018）	2018年11月		《标准》充分考虑河南省民工建筑工程、市政工程（道路桥梁）和水利工程项目情况及现阶段BIM应用特点，建立统一、开放、可操作的全生命周期各阶段BIM技术应用标准。《标准》从模型的分类编码、模型的创建、应用及管理等方面，指导设计、施工、监理、咨询和建设单位遵循统一标准体系进行BIM协同工作
		《市政工程信息模型应用标准（综合管廊）》（DBJ41/T 203—2018）			
		《水利工程信息模型应用标准》（DBJ41/T 204—2018）			
湖南省	住房和城乡建设厅	《湖南省民用建筑信息模型设计基础标准》（DBJ43/T 004—2017）	2017年8月	2017年11月1日	规范了湖南省民用建筑信息模型应用的通用原则和基础标准，支撑我省工程建设信息化实施，提高信息应用效率和效益
		《湖南省建筑工程信息模型交付标准》（DBJ43/T 330—2017）	2018年3月	2018年3月1日	完善了湖南省现行的建筑信息模型交付标准体系，填补了工程建设领域跨阶段BIM交付指引标准的空白
		《湖南省建筑信息模型审查系统技术标准》（DBJ43/T 010—2020）	2020年3月	2020年9月1日	规范了湖南省建设工程项目信息模型的建立和实现计算机对模型审查以及建筑工程项目在BIM审查系统提高技术指导标准
		《湖南省建筑信息模型交付标准系统模型审查系统》（DBJ43/T 011—2020）	2020年3月	2020年9月1日	规范了湖南省建设工程项目信息模型的建立和实现计算机对模型审查以及建筑工程项目在BIM审查系统提高文件的交付标准

续表

标准类别	发布机构	名　　称	发布时间	实施时间	简　　介
湖南省	住房和城乡建设厅	《湖南省建筑信息模型审查系统数字化交付数据标准》（DBJ43/T 012—2020）	2020年3月	2020年9月1日	规范了湖南省建设工程项目信息模型的数字化交付数据标准，与建设工程项目在BIM审查工程系统的成果文件交付标准配合使用
		《湖南省装配式建筑信息模型交付标准》（DBJ43/T 519—2020）	2020年11月	2021年4月1日	规范和引导湖南省装配式建筑信息模型的交付行为，促使湖南省建筑信息模型技术的推广，提高装配式建筑信息应用的效率和效益，适用于建筑信息模型在装配式建筑设计、生产、施工、运维全过程的创建、应用和管理
广西壮族自治区	住房和城乡建设厅	《城市综合管廊建筑信息模型（BIM）建模与交付标准》（DBJ/T 45-054—2017）	2018年2月		推进城市地下综合管廊建设，满足城市地下综合管廊计价需要
		《建筑工程建筑信息模型应用标准通用技术指南》（DBJ/T 45-070—2018）	2018年9月		提高广西壮族自治区相关行业信息化水平是广西建筑BIM设计、施工应用的通用原则，在新建、改建、扩建工程中的设计阶段应用
		《城市轨道交通建筑信息模型（BIM）建模与交付标准》（9DBJ/T 45-033—2016）	2016年12月	2017年3月1日	为响应国家推广使用建筑信息模型技术，确保广西城市轨道交通工程建设过程中工程信息模型的建立与交付行为有一个具有可操作性、兼容性强的统一标准，制定本标准
重庆市	住房和城乡建设委员会	《重庆市建筑工程信息模型设计标准》（DBJ50/T-280—2018）	2018年1月	2018年3月1日	提升行业信息化水平，推动BIM技术在工程中的应用与推广，进一步提高重庆市BIM技术应用水平
		《重庆市市政工程信息模型设计标准》（DBJ50/T-282—2018）	2018年1月	2018年3月1日	落实住房和城乡建设部"十二五"勘察设计行业发展规划，促进重庆市市政工程信息模型技术的应用，加快重庆市市政工程信息模型的推广速度，提升行业信息化水平

续表

标准类别	发布机构	名　称	发布时间	实施时间	简　介
重庆市	住房和城乡建设委员会	《重庆市建筑工程信息模型交付技术导则》和《重庆市市政工程信息模型交付标准》(DBJ50/T-283-2018)	2018年1月	2018年3月1日	落实住房和城乡建设部"十三五"勘察设计行业发展规划，促进重庆市市政工程信息模型技术的应用，加快重庆市市政工程信息模型的推广速度，提升行业信息化水平
		《建筑工程信息模型设计交付标准》(DBJ50/T-281-2018)	2018年1月	2018年3月1日	为促使各建筑工程参与单位在统一数据模型下工作，更好地进行数据交换与共享，促进重庆市建筑信息模型技术有效实施，制定本标准
		《工程勘察信息模型设计标准》(DBJ50/T-284-2018)	2018年1月	2018年3月1日	为加快推广本市工程勘察信息模型技术的应用，提高勘察成果信息化应用水平，制定本设计标准
		《工程勘察信息模型交付标准》(DBJ50/T-285-2018)	2018年1月	2018年3月1日	加快推广本市工程勘察信息模型技术的应用，提高勘察成果信息化应用水平，制定本设计标准
	质量监督技术局	《建筑信息模型与城市三维模型信息交换与集成技术规范》(DB50/T 831-2018)	2018年2月	2018年3月1日	本标准规定了建筑信息模型和城市三维模型信息交换、过程要求、成果应用，包括空间信息交换、语义信息交换和集成应用的有关规定
陕西省	住房和城乡建设厅	《陕西省建筑信息模型应用标准》(DBJ61/T 138-2017)	2017年9月	2017年11月10日	对LOD规范、项目BIM应用策划和常见BIM应用进行了阐述，提出了一个完整的标准体系
甘肃省	住房和城乡建设厅及质量技术监督局	《甘肃省建筑信息模型(BIM)应用标准》(DB62/T 3150-2018)	2018年9月	2018年12月1日	规范了BIM建模工作中软硬件的配置需求，标准资源库的建立、各专业之间的协同设计，工作内容和具体建模规则、制图标准、交付标准等主要技术内容
安徽省	住房和城乡建设、质量监督技术局	《民用建筑设计信息模型(D-BIM)交付标准》(DB34/T 5064-2016)	2016年12月	2017年3月1日	为规范安徽省关于民用建筑设计信息模型(以下简称DBIM)的交付行为，统一民用建筑设计D-BIM的交付标准，指导BIM技术的应用，提高建筑设计行业的信息化水平，特制定本标准
		《综合管廊信息模型应用技术规程》(DB34/T 5074-2017)	2017年10月	2018年1月1日	为规范安徽省地下综合管廊信息模型应用技术要求，推进信息模型在城市地下综合管廊建设管理中的应用进程，提升综合管廊建设管理信息化水平，制定本规程

续表

标准类别	发布机构	名　　称	发布时间	实施时间	简　　介
山东省	质量监督管理局	《建筑信息模型（BIM）技术用的消防应用》（DB37/T 2936—2017）	2017 年 4 月	2018 年 5 月 14 日	本标准规定了应用在消防领域 BIM 的术语和定义、基本规定、应用范围、模型内容及深度要求、交付要求
四川省	住房和城乡建设厅	《四川省建筑工程设计信息模型交付标准》（DBJ51/T 047—2015）	2015 年 8 月	2015 年 12 月 1 日	为促使建筑工程的规划、设计、施工、使用等阶段在统一数据模块下协同工作，保证数据的有效交换、共享及传递，促进四川省建筑工程建筑信息模型设计技术的推广和应用，制定本标准
四川省		《四川省装配式混凝土建筑 BIM 设计施工一体化标准》（DBJ51/T 087—2017）	2018 年 1 月	2018 年 4 月 1 日	为规范 BIM 技术在装配式混凝土建筑设计施工一体化中的应用，实现装配式混凝土建筑设计施工一体化中的数据可追溯、可交互、科学系统地管理 BIM 数据，提升装配式混凝土建筑设计施工一体化水平，制定本标准
江苏省	住房和城乡建设厅	《江苏省民用建筑信息模型设计应用标准》（DGJ32/TJ 210—2016）	2016 年 9 月	2016 年 12 月 1 日	本标准适用于江苏省新建、改建、扩建的民用建筑全生命期设计阶段建筑信息模型的创建与应用，并为后续阶段提供必要的基础模型
江苏省	市场监督管理局	《公路工程信息模型分类和编码规则》（DB32/T 3503—2019）	2019 年 1 月	2019 年 1 月 30 日	本标准规定了公路工程信息模型分类和编码的基本要求和应用方法
江西省	质量技术监督局	《桥梁工程 BIM 技术应用指南》（DB36/T 1137—2019）	2019 年 7 月	2020 年 1 月 1 日	本标准规定了桥梁工程 BIM 应用的术语与定义、桥梁工程信息模型的技术要求、桥梁工程 BTM 应用的实施路线、BIM 应用的目标、BIM 模型质量控制、不同阶段的 BIM 技术应用、BIM 技术扩展的内容
广东省	住房和城乡建设厅	《城市轨道交通基于建筑信息模型（BIM）的设备设施管理编码规范》（DBJ/T 15 -161—2019）	2019 年 9 月	2019 年 11 月 11 日	为贯彻落实国家技术经济政策、规范和统一城市轨道交通基于 BIM 技术应用下各阶段设备设施管理的编码原则，明确相关编码要求、确保对设备设施编码数据的一致性、保证数据的可靠性，实现城市轨道交通设备设施的全生命期管理，制定本规范

续表

标准类别	发布机构	名称	发布时间	实施时间	简介
贵州省	住房和城乡建设厅	《贵州省建筑信息模型技术应用标准》（DBJ52/T 101—2020）	2020年	2020年3月1日	规范和引导贵州省建筑信息模型的应用，提高建筑信息模型技术应用水平，推进贵州省建筑行业实施，提升建筑信息模型行业综合效益，适用于贵州省建筑工程全生命周期建筑信息模型的创建、应用、共享和管理
广州市	市场监督管理局	《建筑信息模型（BIM）施工应用技术规范》（DB4401/T 25—2019）	2019年8月	2019日10月1日	为响应国家建筑业技术升级要求，规范建筑信息模型在建筑施工行业中的应用，促进工程建设信息化发展，提升建筑信息行业管理水平，结合广州市实际状况，特制定本规范
	质量技术监督局/住房和城乡建设委员会	《民用建筑信息模型（BIM）设计技术规范》（DB4401/T 9—2018）	2018年2月	2018年10月1日	促进广州市信息化和工业化深度融合，使工业化、信息化、城镇化、农业现代化同步发展，加快转变建筑业发展方式，推动广州市建筑信息模型的应用
深圳市	住房和建设局	《房屋建筑工程招标建筑信息模型技术应用标准》（SJG 58—2019）	2019年11月	2019年12月1日	推进工程建设信息化实施，支撑建筑信息模型在房屋建筑工程招标阶段的应用
		《建筑工程信息模型设计交付标准》（SJG 76—2020）	2020年8月	2020年9月1日	规范建筑信息模型设计及其成果交付，提升信息模型技术发展和应用水平，促进工程建设提质增效，助力建设智慧城市，适用于深圳市新建、改建和扩建的建筑工程设计时的设计交付
	建筑工务署	《深圳市建筑工务署BIM实施管理标准》（SZGWS 2015-BIM-01）	2015年4月		规范工务署政府投资项目BIM实施管理体制，实现管理科学化、标准化
	建筑产业化协会	《深圳市装配式混凝土建筑信息模型应用技术应用标准》（T/BIAS 8—2020）	2020年3月	2020年4月1日	实现深圳市装配式混凝土建筑在建设全过程中的项目策划、设计、生产、施工阶段的建筑信息模型技术应用，提高装配式建筑的信息应用效率和效益
	住房和建设局、交通运输局	《城市道路工程信息模型分类和编码标准》（SJG 88—2021）	2021年2月	2021年4月1日	规范深圳市城市道路工程信息模型中信息的分类和编码，实现城市道路工程全生命信息的交换与共享，适用于深圳市城市道路工程全生命信息的分类和编码

续表

标准类别	发布机构	名 称	发布时间	实施时间	简 介
深圳市	住房和建设局、交通运输局	《道路工程勘察信息模型交付标准》（SJG 89—2021）	2021年2月	2021年4月1日	规范深圳市城市道路工程勘察信息模型的交付行为，提高道路工程勘察信息模型的应用水平，适用于深圳市新建、改建、扩建的道路工程在可行性研究勘察、初步勘察、详细勘察阶段的模型交付
		《市政道路工程信息模型设计交付标准》（SJG 90—2021）	2021年2月	2021年4月1日	规范深圳市市政道路工程信息模型的交付行为，提高市政道路工程信息模型的应用水平，适用于深圳市新建、改建、扩建的市政道路工程在可行性研究、初步设计、施工图设计阶段的模型交付
		《市政桥涵工程信息模型设计交付标准》（SJG 91—2021）	2021年2月	2021年4月1日	规范深圳市市政桥涵工程信息模型的交付行为，提高市政桥涵工程信息模型的应用水平，适用于深圳市新建、改建和扩建的市政桥涵工程在可行性研究、初步设计、施工图设计阶段的模型交付
		《市政隧道工程信息模型设计交付标准》（SJG 92—2021）	2021年2月	2021年4月1日	规范深圳市市政隧道工程信息模型的交付行为，提高市政隧道工程信息模型的应用水平，适用于深圳市新建、改建和扩建的市政隧道工程在可行性研究、初步设计、施工图设计阶段的模型交付
		《综合管廊工程信息模型设计交付标准》（SJG 93—2021）	2021年2月	2021年4月1日	规范深圳市市政综合管廊工程信息模型设计阶段的交付行为，提高市政综合管廊工程信息模型的应用水平，适用于深圳市新建、改建和扩建的市政综合管廊工程在可行性研究、初步设计、施工图设计阶段的模型成果交付
		《市政道路管线工程信息模型设计交付标准》（SJG 94—2021）	2021年2月	2021年4月1日	规范深圳市市政道路管线工程信息模型设计阶段的交付行为，提高市政道路管线工程信息模型的应用水平，适用于深圳市新建、改建和扩建的市政道路管线工程在可行性研究、初步设计、施工图设计阶段的模型成果交付
沈阳市	市场监督管理局	《装配式建筑预制构件BIM建模标准》（DB2101/T 0003—2018）	2018年7月	2018年8月17日	为指导和推广沈阳市装配式建筑工程BIM技术应用，按照适用、经济、安全、绿色、美观的要求，全面提高装配式建筑的环境效益、社会效益和经济效益，制定本标准
厦门市	建设与管理局、质量技术监督局	《轨道交通工程建设阶段BIM模型交付标准》（DB3502Z 5024—2017）	2017年7月	2017年8月1日	为规范厦门市轨道交通工程建筑信息模型应用水平，提高厦门市轨道交通工程建筑信息模型的交付，制定本标准